MOZART BEZERRA DA SILVA

MANUAL DE
BDI

Como incluir benefícios e despesas indiretas em orçamentos de obras de construção civil

Blucher

MANUAL DE BDI

Como incluir benefícios e despesas indiretas em orçamentos de obras de construção civil

Mozart Bezerra da Silva

Manual de BDI: como incluir benefícios e despesas indiretas em orçamentos de obras de construção civil
© 2006 Mozart Bezerra da Silva 1ª edição – 2006
6ª reimpressão – 2020
Editora Edgard Blücher Ltda.

Blucher

Rua Pedroso Alvarenga, 1245, 4º andar
04531-934 – São Paulo – SP – Brasil
Tel.: 55 11 3078-5366
contato@blucher.com.br
www.blucher.com.br

É proibida a reprodução total ou parcial por quaisquer meios sem autorização escrita da editora.

Todos os direitos reservados pela Editora Edgard Blücher Ltda.

Dados Internacionais de Catalogação na Publicação (CIP)
(Câmara Brasileira do Livro, SP, Brasil)

Silva, Mozart Bezerra da
 Manual de BDI : como incluir benefícios e despesas indiretas em orçamentos de obras de construção civil / Mozart Bezerra da Silva. – São Paulo : Blucher, 2006.

 Bibliografia.
 ISBN 978-85-212-0379-7

 1. Construção – Custos I. Título.

05-7567	CDD-692.5

Índices para catálogo sistemático:

1. Construção civil : Benefícios e despesas indiretas : Orçamentos : Tecnologia   692.5

2. Construção civil : Obras : Preço : Composição : Tecnologia   692.5

*Pois qual de vós, querendo edificar uma torre,
não se assenta primeiro a fazer as contas dos gastos,
para ver se tem com que a acabar?
Para que não aconteça que,
depois de haver posto os alicerces,
e não a podendo acabar,
todos os que a virem comecem a escarnecer dele,
dizendo: "Este homem começou a edificar e não pôde acabar".
Bíblia,* Evangelho de Lucas, Capítulo 14, 28- 30.

À minha mãe Maria Elba.
À esposa Cristina.
Aos filhos Felipe e Larissa.

Ao amigo:
Fernando Fabrício de Melo.

À Giane Eduardo,
fiel discípula, responsável pela análise
crítica do texto inicial e pela revisão
final dos cálculos.

PREFÁCIO

Nossa amizade e convívio profissional com o professor e engenheiro Mozart Bezerra da Silva remonta ao início da década de 90, momento marcante de nossa história recente, quando ocorrem profundas transformações, na Economia Brasileira e no segmento da Construção Civil.

O modelo de desenvolvimento centrado na substituição de importações, cede lugar à abertura de nossa Economia, à integração do País ao processo de globalização. Empresas estatais são privatizadas e a estabilidade econômica, a partir de meados da década, torna-se uma importante conquista da Sociedade. Qualidade, Produtividade e Competitividade são as palavras de ordem para as empresas que querem sobreviver e se destacar no novo ambiente. Sem a enganosa proteção da inflação, as empresas competitivas passam a dedicar-se de modo decisivo à gestão de recursos técnicos e humanos, à gestão de tecnologia e energia e à gestão de custos e da formação de preços.

É nesse ambiente que surgem os cursos do professor Mozart, organizados pela PINI. Constrói-se desde então uma relação de confiabilidade recíproca que tem seu ponto culminante, no convite que lhe fizemos para ser autor do texto, sobre o tema deste Manual, na última edição do TCPO, nosso livro mais importante, bastante conhecido no nosso mercado, completando 50 anos de circulação, no último ano. Somos sempre atraídos para fazer parte dos esforços que ampliam a capacidade do nosso segmento de ter sucesso, que é bem o caso deste trabalho, fundamentado na experiência prática do autor, com forte diretriz didática, em sua estruturação e exposição, como poderá ser comprovado pela leitura e consultas que vai suscitar. É oportuno um registro adicional: o professor Mozart , nos últimos 16 anos, foi o responsável direto pela oferta de pelo menos 400 cursos, tendo contribuído de modo relevante para a atualização e reciclagem de mais de 10.000 profissionais, que avaliaram seu desempenho com incidência de 97% de conceitos ótimo e bom.

A PINI se sente homenageada por prefaciar o Manual de BDI, que se constitui por informações úteis, confiáveis, imediatamente aplicáveis, sobre uma temática estratégica para os tempos atuais. Ao lado da nossa admirável Edgard Blücher, co-editora neste destacado projeto, vamos também nos sentir extremamente recompensados se, em futuro próximo, constatarmos o pleno sucesso do Manual de BDI, contribuindo para a discussão e reavaliação da formação de preços na Construção Civil, por critérios técnicos, em substituição ao domínio de outros tratamentos, que não são do interesse de uma Sociedade que tem pressa em se superar.

Mário Sérgio Pini
Diretor de Relações Institucionais
PINI

APRESENTAÇÃO

É com muita alegria que submeto esta obra à apreciação do mercado.

Tenho três argumentos para convidá-lo à leitura e ao estudo: o fato do livro ser fruto de uma exaustiva preparação, o seu enfoque essencialmente prático e sua capacidade potencial de contribuir para o desenvolvimento profissional do leitor.

O esboço inicial do texto começou a ser preparado em meados de 1990, quando do lançamento do curso "Básico de Orçamento de Obras", promovido pela Editora PINI. O conteúdo foi aprimorado, a pedido dos alunos, e resultou no conteúdo da apostila do curso "Como Compor BDI", cerca de um ano depois. De lá para cá, passados cerca de 16 anos, centenas de eventos, com milhares de participantes de nível superior de todo o Brasil e, estimo, umas 2.500 horas de pesquisa, os conceitos foram se aprimorando e seguem apresentados neste manual.

A pesquisa em textos técnicos e científicos, nacionais e internacionais, foi continuamente confrontada com as opiniões de profissionais de mercado, em busca de conhecimentos para resolver suas questões do dia-a-dia. Todas as idéias foram discutidas e permaneceram as mais úteis, aquelas consideradas práticas.

Segundo declarações dos próprios alunos, o conteúdo apresentado no curso foi considerado útil para a reciclagem e desenvolvimento profissional, razão pela qual acredito que poderá ser de grande valia também para o leitor. A estimativa das despesas financeiras, o tratamento dos fatores de riscos e a negociação comercial foram os temas tidos como mais inovadores.

O livro é indicado a orçamentistas de empresas contratantes e de empresas construtoras de obras em geral. Os profissionais da área de construção civil imobiliária encontrarão ilustrações e análises quantitativas mais focadas, por ser minha área de atuação na produção.

Bom estudo!

Mozart Bezerra da Silva
www.mozart.eng.br

LISTA DE TABELAS

Tabela 3-1	Descrição das obras de referência	43
Tabela 3-2	Custos diretos das obras de referência	44
Tabela 3-3	Itens de despesa da administração local	48
Tabela 3-4	Despesa mensal na administração local das obras de referência	49
Tabela 3-5	Faixas para a taxa A_L de administração local	50
Tabela 3-6	Itens de despesa da administração central	55
Tabela 3-7	Despesa mensal e anual das construtoras de referência	56
Tabela 3-8	Faixas das taxas A_C de administração central	57
Tabela 3-9	Lucro presumido – prestação de serviço global	60
Tabela 3-10	Lucro presumido – prestação de serviços	61
Tabela 3-11	Lucro real – prestação de serviço global	62
Tabela 3-12	Itens de despesas comerciais	64
Tabela 3-13	Faixas para as despesas comerciais	66
Tabela 4-1	Faixa de despesas financeiras	80
Tabela 4-2	Faixas de riscos	88
Tabela 4-3	Faixas de incertezas	89
Tabela 4-4	Faixas de lucro orçado	93
Tabela 5-1	Custos diretos unitários das obras de referência	101
Tabela 5-2	Faixas de valores de A para prédios residenciais e comerciais	103
Tabela 5-3	Valores de B no método sintético	104
Tabela 5-4	Valores de impostos na metodologia sintética	105
Tabela 6-1	Despesas tributárias no regime de administração	158

LISTA DE QUADROS

Quadro 2-1	Alguns fatores geradores de riscos da construção civil	15
Quadro 2-2	Taxa de BDI para riscos máximos	21
Quadro 2-3	Ilustração de WBS na empreitada a preço unitário	22
Quadro 2-4	Preços oferecidos por empresas contratantes	27
Quadro 2-5	Custos formais das empresas contratantes	27
Quadro 2-6	Preços oferecidos por empresas construtoras	27
Quadro 2-7	Margem de segurança preliminar no preço do construtor	29
Quadro 3-1	Definições de custo e despesa	35
Quadro 3-2	Termos utilizados para descrever custos	36
Quadro 3-3	Despesa comercial para receita anual de $193.807,89	65
Quadro 4-1	Fluxo de caixa com reajuste mensal	71
Quadro 4-2	Fluxo de caixa com reajuste anual	73
Quadro 4-3	Despesa financeira com 30 dias de atraso	74
Quadro 4-4	Despesa financeira com retenção de 5%	75
Quadro 4-5	Despesa financeira com depósito em garantia	76
Quadro 4-6	Cenários adotados para despesas financeiras	80
Quadro 4-7	Itens de situações previsíveis	84
Quadro 4-8	Itens de riscos propriamente ditos	84
Quadro 4-9	Itens de incertezas econômicas	85
Quadro 4-10	Itens de incertezas de força maior	86
Quadro 4-11	Níveis de ocorrência de riscos	88
Quadro 4-12	Níveis de incertezas	89

Quadro 4-13	Medição da lucratividade pela TIR e VPL	93
Quadro 4-14	Redução da lucratividade do reajustamento anual	94
Quadro 5-1	Níveis de referência de BDI para contratos com reajuste mensal	105
Quadro 5-2	Previsão de receita anual	109
Quadro 5-3	Projeção do custo direto anual	109
Quadro 5-4	Despesa tributária no item 5.3	116
Quadro 5-5	Preço e taxa de BDI no item 5.3	118
Quadro 5-6	Benefícios no item 5.3	119
Quadro 5-7	Cálculo da margem de segurança preliminar no item 5.3	119
Quadro 5-8	Orçamento da administração local do item 5.4	120
Quadro 5-9	Orçamento da administração central do item 5.4	121
Quadro 5-10	Despesa tributária inicial do item 5.4	127
Quadro 5-11	Despesa tributária final do item 5.4	128
Quadro 5-12	Preço e taxa de BDI no item 5.4	130
Quadro 5-13	Benefícios do item 5.4	130
Quadro 5-14	Cálculo da margem de segurança preliminar do item 5.4	130
Quadro 5-15	Benefícios no item 5.5	132
Quadro 5-16	Despesa tributária do item 5.5	133
Quadro 5-17	Preço e taxa de BDI do item 5.5	135
Quadro 5-18	Benefícios, em taxa de BDI no item 5.5	135
Quadro 5-19	Benefícios na análise sintética do item 5.6	138
Quadro 5-20	Despesas tributárias diferenciadas no item 5.6	138
Quadro 5-21	Preço e taxa de BDI para fornecimento de materiais de construção	140
Quadro 5-22	Benefícios para o fornecimento de materiais de construção	140
Quadro 5-23	Preço e taxa de BDI para prestação de serviços especializados	141
Quadro 5-24	Benefícios para a prestação de serviços especializados	142
Quadro 5-25	Benefícios no item 5.7	143
Quadro 5-26	Despesa tributária no item 5.7	144
Quadro 5-27	Preço e taxa de BDI no item 5.7	145
Quadro 5-28	Benefícios no item 5.7	145
Quadro 5-29	Benefícios, em subempreitada, item 5.8	147
Quadro 5-30	Despesa tributária, em subempreitada, item 5.8	148
Quadro 5-31	Preço e taxa de BDI em subempreitada, item 5.8	149
Quadro 5-32	Benefícios em subempreitada	150
Quadro 5-33	Benefícios no item 5.9	152

Quadro 5-34	Despesas tributárias no item 5.9	152
Quadro 5-35	Preço e taxa de BDI no item 5.9	153
Quadro 5-36	Benefícios, no item 5.9	154
Quadro 6-1	Preço e taxa de administração	162
Quadro 7-1	Área construída e quantidades de obras por ano	167
Quadro 7-2	Preços unitários das obras de referência	168
Quadro 7-3	Custo-base para as obras de referência	168
Quadro 7-4	Parâmetros empresariais das empresas construtoras	169
Quadro 7-5	Ganho por m² de área construída de cada empresa	169
Quadro 7-6	Resultado anual das construtoras de referência	170
Quadro 7-7	Parâmetros do ponto de equilíbrio	171
Quadro 7-8	BDI do ponto de equilíbrio	172
Quadro 8-1	Ilustração do orçamento interno de um construtor	179
Quadro 8-2	WBS para contrato de empreitada por preços unitários	180
Quadro 8-3	Planilha orçamentária de acordo com critérios comerciais	181
Quadro 8-4	Despesas indiretas tratadas como custo	184
Quadro 8-5	Taxas de BDI apresentadas no livro	185

LISTA DE EQUAÇÕES

Equação 1	A relação entre preço e custo	6
Equação 2	A relação entre benefícios, despesas e custo	6
Equação 3	Taxa de BDI para empreitadas	7
Equação 4	Taxa de BDI para administração	7
Equação 5	Taxa de BDI formal para empreitadas	7
Equação 6	Preço em função do custo	7
Equação 7	Taxa de BDI em função de preço e custo	7
Equação 8	Conversão da moeda do texto $ em R$	12
Equação 9	Taxa F para inclusão da despesa financeira na taxa de BDI	76
Equação 10	Preço fora o lucro, em valores absolutos	78
Equação 11	Preço fora o lucro, calculado a partir do custo	78
Equação 12	Necessidade de financiamento do contrato	78
Equação 13	Taxa F_I para incluir a remuneração do capital de giro	78
Equação 14	Taxa F_J para incluir a correção monetária	79
Equação 15	Valor deflacionado da parcela	79
Equação 16	Fator de redução do preço de cada parcela	79
Equação 17	Fator de redução do preço do contrato	79
Equação 18	Fórmula sintética da taxa de BDI	100
Equação 19	Estimativa do custo direto	100
Equação 20	Custo direto anual	102
Equação 21	Taxa da administração local	102
Equação 22	Taxa da administração central	103

Equação 23	Benefícios, no método sintético	104
Equação 24	Taxa analítica de BDI no regime de lucro presumido	107
Equação 25	Taxa analítica de BDI no regime de lucro real	107
Equação 26	Lucro bruto a partir do lucro líquido desejado	112
Equação 27	Benefícios no método analítico e lucro presumido	112
Equação 28	Benefícios no método analítico e lucro real	112
Equação 29	Despesas tributárias – empreitada e lucro presumido	113
Equação 30	Despesas tributárias – empreitada e lucro real	113
Equação 31	Taxa de BDI em contratos por administração	156
Equação 32	Custo-base da taxa de administração	156
Equação 33	Custo-base anual na taxa de administração	157
Equação 34	Administração central, no regime de administração	157
Equação 35	Despesas tributárias, na taxa de administração	158
Equação 36	Encargos para análise do equilíbrio na empreitada	165
Equação 37	Encargos para análise do equilíbrio na administração	165
Equação 38	Preço líquido na empreitada	165
Equação 39	Preço líquido na administração	165
Equação 40	Ponto de equilíbrio em contratos de empreitada	166
Equação 41	Ponto de equilíbrio em contratos por administração	166
Equação 42	Lucratividade empresarial em função do volume de serviço	166
Equação 43	Acréscimo no custo direto para obter o custo formal	183

SUMÁRIO

1 Introdução *1*

1.1 Apresentação do orçamento *1*

1.2 Formação do preço *2*

1.3 Viabilidade da construção *4*

1.4 BDI – o indicador *5*

1.5 Nomenclatura *8*

1.6 Moeda utilizada *12*

1.7 Exercícios propostos *13*

2 O mercado e o risco *15*

2.1 Nível de exigências *16*

2.2 Risco – o balizador *17*

2.3 Prestação de serviços: resposta ao risco *18*

2.4 BDI formal *25*

2.5 Margem de segurança *26*

2.6 Dimensionamento da despesa fixa *30*

2.7 Exercícios propostos *31*

3 Componentes básicos do preço *35*

3.1 Custo direto *35*

3.2 Despesas administrativas *44*

3.3 Despesas tributárias *57*

3.4 Despesas comerciais *64*

3.5 Exercícios propostos *66*

4 Componentes complementares do preço 69

4.1 Despesas financeiras *70*
4.2 Incertezas e riscos *81*
4.3 Contingências *91*
4.4 Lucro orçado *92*
4.5 Blenefícios *94*
4.6 Exercícios propostos *95*

5 Taxa de BDI em contratos de empreitada 99

5.1 Método sintético para cálculo do BDI *100*
5.2 Método analítico para cálculo do BDI *106*
5.3 Memória de cálculo do método sintético *113*
5.4 Memória de cálculo do método analítico *119*
5.5 BDI único para prestação de serviço global *131*
5.6 BDI diferenciado para prestação de serviço global *135*
5.7 BDI para prestação de serviço especializado *142*
5.8 BDI para subempreitada *146*
5.9 BDI para prestação de serviços *150*
5.10 Exercícios propostos *154*

6 Taxa de BDI na administração de obras 155

6.1 Método *156*
6.2 Memória de cálculo *158*
6.3 Exercícios propostos *162*

7 Taxa de BDI e volume de obras 163

7.1 Ponto de equilíbrio *164*
7.2 Dimensionamento empresarial *166*
7.3 Memória de cálculo *167*
7.4 Exercícios propostos *174*

8 A apresentação do preço 177

8.1 Orçamento interno *178*
8.2 WBS produto *180*
8.3 WBS formal *181*
8.4 BDI formal *183*
8.5 Exercícios propostos *186*

----- Referências bibliográficas *187*
----- Glossário *189*
----- Índice remissivo *193*
----- Solução dos exercícios propostos *199*

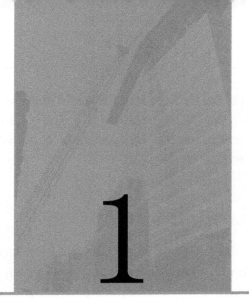

1

INTRODUÇÃO

Bem vindo ao mundo dos *benefícios* e *despesas indiretas*!

São conceitos importantes para auxiliar na apresentação final do *orçamento*, para possibilitar a formação do *preço* com precisão e até para viabilizar a *prestação de serviços* de construção civil.

1.1 APRESENTAÇÃO DO ORÇAMENTO

Uma boa estratégia para preparar um orçamento de obra consiste em conhecer antecipadamente o relatório final a ser apresentado. O formato pode, eventualmente, ser definido pelo *construtor*, mas, via-de-regra, é uma exigência do *contratante* das obras.

De qualquer forma, uma questão inicial é saber quais os serviços que o cliente concorda em pagar de forma explícita[1]. Uma postura muito variável, pois o contratante pode ser um experiente profissional da construção civil ou um leigo.

Independentemente das técnicas para elaboração de estimativas utilizadas pelos orçamentistas e das padronizações da contabilidade financeira e de *custos*, são os critérios arbitrados pelo cliente que definem a apresentação do trabalho. Uma preocupação excessiva em tentar padronizar a vontade do contratante pode desviar a atenção do mais importante que é elaborar o orçamento.

---

[1] Esta questão é desenvolvida no Capítulo 8.

O orçamento precisa ser apresentado na forma que o cliente exige, com qualquer tipo de *planilha orçamentária* (ou até sem ela), definindo-se, assim, os serviços do orçamento, as quantidades dos serviços, as despesas indiretas e a *taxa de BDI* formais.

1.2 FORMAÇÃO DO PREÇO

Definida a embalagem, pode-se detalhar melhor o conteúdo.

Surge uma segunda questão, de caráter técnico, de importância essencial para o construtor: quais serviços deverão ser efetivamente executados? Os itens de serviço da planilha orçamentária oficial deveriam corresponder exatamente aos que estão projetados e especificados e aos serviços indiretos exigidos. As quantidades formais dos serviços deveriam ser as quantidades reais a executar.

Diferenças entre o formal e o real sempre existem, devendo ser apuradas em caráter interno, principalmente pelo construtor, que tem a responsabilidade de estimar o consumo real de insumos e de compor o preço da obra.

Essa análise interna define novos parâmetros, entre os quais destacam-se os itens internos de serviços e as quantidades internas de serviço, que por sua vez geram outras variáveis: os itens de serviços ocultos na planilha do cliente e as diferenças de quantidades a produzir ou não.

De posse dos dados técnicos que refletem a qualidade e a quantidade dos serviços da obra, deve-se definir o processo de elaboração do orçamento.

O ponto de partida consiste em estimar os gastos que forem possíveis pelas quantidades de serviços constantes dos projetos de arquitetura, engenharia e complementares, chamados de *custos diretos*. Em seguida, estimam-se os gastos que são proporcionais ao total do orçamento, despesas indiretas que podem ser chamadas de contas vinculadas ao preço[2]. Concluindo, identificam-se os gastos e provisões que estão diretamente relacionados com o prazo da obra, as despesas indiretas com a estrutura técnica e administrativa de suporte à produção.

O preço será composto com base no custo direto, no prazo da obra e nos encargos sobre ele incidentes, definindo, assim, as despesas indiretas e a taxa de BDI reais[3].

---

[2] Também chamadas de encargos sobre o preço.
[3] Separando-se as atividades de composição e de apresentação do orçamento, como proposto, pode-se desenvolver simultaneamente atividades técnicas e comerciais, sem restrições e interferências.

A Escola Politécnica da Universidade de São Paulo (Epusp), segundo Lima Jr. (1995), define uma rotina interna para a formação do preço, utilizando sua terminologia acadêmica, composta por cinco passos:
1. A definição do orçamento da produção, base lia vista.
2. A elaboração do orçamento base projetada, que contém proteção contra a perda de correção monetária, seja por falta de índice de reajuste ou por descolamento entre o índice de inflação da produção e o índice de inflação do contrato.
3. A formação de um preço básico, levando-se em consideração a estrutura das contas gerais da administração da empresa construtora[4], seu portfólio de obras em andamento, uma margem para a cobertura de custos financeiros[5] e uma margem de resultado[6].
4. A formação de um preço com margem para cobertura de riscos[7], com base na consideração de cenários para análise de risco e sua interferência no passo 3.
5. A definição do preço para contratar, com a inclusão das contas vinculadas ao preço, como impostos[8] e despesas com comercialização[9].

Supondo alterações posteriores na descrição dos itens da planilha orçamentária ou a solicitação de um desconto sobre o preço para o fechamento do contrato, caso comum, pode-se incluir um sexto passo, que será denominado de comercialização. Sintetizando, fazendo uso da terminologia do Project Management Institute (PMI) e da Epusp, podem ser definidas três fases de trabalho para a composição de preços:
1. A *estimativa de custo*
   (passos 1 e 2);
2. A *orçamentação*
   (passos 3, 4 e 5);
3. A comercialização
   (incluindo a apresentação do preço).

---

[4] As contas gerais da administração são estudadas no item 3.2.
[5] Os custos financeiros são detalhados no item 4.1.
[6] As margens de resultado são apresentadas nos itens 4.4 e 4.5.
[7] A margem para cobertura de riscos é definida nos itens 4.2 e 4.3.
[8] Os impostos são estudados no item 3.3.
[9] As despesas comerciais na contratação de empreitadas estão no item 3.4.

1.3 VIABILIDADE DA CONSTRUÇÃO

O conhecimento dos benefícios e despesas indiretas é fundamental para a viabilização das empresas construtoras.

Imagine a situação de um engenheiro iniciando suas atividades empresariais e precisando calcular seus preços e elaborar seus primeiros orçamentos de obra.

Os custos diretos unitários dos serviços de construção são conhecidos pela consulta a tabelas de composições de consumo unitário em conjunto com a cotação dos preços de insumos no mercado e com a quantificação dos serviços da obra. Os consumos de cimento, areia, pedra, horas de betoneira e horas de mão-de-obra para produzir um metro cúbico de concreto[10], e os consumos unitários de milhares de outros serviços se encontram disponíveis na literatura técnica[11].

Os preços unitários de mercado de cada serviço podem ser pesquisados nos *orçamentos de referência* de obras públicas ou nos orçamentos de obras particulares a que se tenha acesso. Com estes dados, poderá ser elaborado um orçamento e calculada a *margem de contribuição*[12] que cada *preço unitário* de mercado oferece para o pagamento das despesas indiretas.

No entanto, ficarão pendentes algumas questões empresariais, entre as quais[13]:

- Quanto será possível gastar por mês na estrutura administrativa de seu novo escritório?
- Quantos m³ de concreto (em conjunto com outros serviços) serão necessários construir por mês no caso de trabalhar com os preços pesquisados de mercado?
- Quais os benefícios que sua empresa terá se conseguir produzir serviços numa quantidade razoável, gastando as *despesas administrativas* que foram julgadas necessárias?
- Valeria a pena oferecer um desconto para conseguir contratar uma quantidade de serviços maior?

---

[10] Refere-se ao serviço de concreto convencional, preparado no canteiro-de-obra com betoneira.
[11] Inclusive no livro Tcpo 2003 da Editora Pini.
[12] Margem de contribuição é a diferença entre o preço e o custo direto.
[13] O Capítulo 7 trata com detalhes este tema, que pode ser chamada de relação custo/volume/lucro.

Esta é uma situação de mercado comum que ilustra a importância de se conhecer e saber calcular as despesas indiretas e os benefícios. Não é aconselhável dirigir uma empresa com dúvidas tão importantes. É necessário dispor de um método de cálculo para tratar estas questões, inclusive para calcular detalhadamente os preços internos e elaborar orçamentos mais personalizados.

A questão é ainda de maior impacto para a empresa contratante de obras. As vantagens de dispor de uma obra com a qualidade necessária, dentro do prazo estipulado e no custo previamente contratado são inúmeras. Os ganhos com a venda, locação ou utilização da obra são muito maiores do que a obtenção de alguns pontos percentuais de desconto no preço do construtor.

Para elaborar um bom orçamento de referência, o contratante precisa estimar as despesas administrativas de um construtor (de preferência de um que seja técnica, administrativa e financeiramente capacitado para executar adequadamente sua obra) e uma série de outras despesas indiretas da obra.

Os níveis médios do custo direto de produção são bem conhecidos, mas estimar as despesas indiretas das empresas parceiras é mais complicado do que estimar os próprios *gastos*.

Num mercado competitivo como o da construção civil brasileira, o conhecimento destas informações estratégicas é uma base necessária para a tomada das melhores decisões empresariais.

1.4 BDI – O INDICADOR

A taxa de BDI é um coeficiente de caráter simples utilizado correntemente como indicador da qualidade do orçamento de obra por contratantes e construtores.

Construtores podem elaborar seus orçamentos manualmente ou utilizando técnicas orçamentárias modernas e sofisticadas para definir o preço que desejam propor pela obra, afinal, o preço, seja unitário ou global, é o que efetivamente interessa. Mas não há quem resista, depois do levantamento do custo direto, dos orçamentos das despesas indiretas e da inclusão dos benefícios, a calcular o indicador de desempenho tradicional, a taxa de BDI.

Alguns construtores calculam uma taxa de 70% e alguns contratantes acham 20% um exagero, o que gera infindáveis discussões sobre conceitos de economia e classificações contábeis, principalmente em licitações, demonstrando a eficiência do índice, que quantifica a diferença entre os interesses envolvidos.

O problema aparece quando um contratante[14], desejando pagar um preço baixo, afirma que o preço da obra deve ser formado através da aplicação de um coeficiente arbitrado de 20% (ou semelhante) sobre o custo direto. Ao invés do construtor assumir que este contratante simplesmente oferece um preço baixo e que cabe a ele não o aceitar, prefere argumentar que a culpa é o fato do contratante não saber calcular a taxa de BDI, ou pior, que a culpa do cliente querer pagar pouco é do indicador taxa de BDI.

A taxa de BDI – taxa de benefícios e despesas indiretas é a diferença entre preço e custo relacionada ao custo, expressa em porcentagem, genericamente, da seguinte forma:

Equação 1
A relação entre preço e custo

$$BDI (\%) = \frac{preço - custo}{custo} \times 100$$

Na nomenclatura da PINI (2003)[15], entende-se que o preço é formado por três componentes: custo, despesas indiretas e benefícios, sendo então a diferença entre o preço e o custo igual à soma das despesas indiretas com os benefícios, podendo-se reescrever a equação 1 do seguinte modo[16]:

Equação 2
A relação entre benefícios, despesas e custo

$$BDI (\%) = \frac{benefícios + despesas indiretas}{custo} \times 100$$

Em que:
Custo é o gasto diretamente relacionado com a produção de uma quantidade específica de algum bem ou serviço.
Despesas Indiretas são as despesas que não se pode orçar em função das quantidades de serviços definidas no projeto. São despesas de caráter administrativo e empresarial.
Benefícios são as provisões consideradas no preço não classificadas como custo nem como despesas indiretas.

Em face da importância deste benchmarking[17], a equação 1 pode ser detalhada em três outras equações mais específicas:

---

[14] Para oferecer uma justa remuneração ao construtor com taxa de BDI baixa, basta aceitar a cobrança explícita de mais serviços, conforme orientação no Capítulo 8.
[15] A taxa de BDI teve seu uso consagrado em função da publicação dos livros da série Tcpo, por dezenas de anos, pela Editora PINI, que acabaram oficializando esta nomenclatura.
[16] Em contratos por empreitada.
[17] Benchmarking, termo em inglês que significa uma sistemática de avaliação.

Equação 3
Taxa de BDI
para empreitadas

$$BDI\,(\%) = \frac{\text{preço} - \text{custo direto}}{\text{custo direto}} \times 100$$

Equação 4
Taxa de BDI
para administração

$$ADM\,(\%) = \frac{\text{preço} - \text{custo-base}}{\text{custo-base}} \times 100$$

Equação 5
Taxa de BDI formal
para empreitadas

$$BDI\,Formal^{18}\,(\%) = \frac{\text{preço} - \text{custo formal}}{\text{custo formal}} \times 100$$

Em que:
Custo direto é o custo para produzir os serviços projetados.
Custo-base é o custo do canteiro-de-obra.
Custo formal é o custo direto dos itens que se deseja discriminar na planilha orçamentária da obra, para que constem na proposta comercial, no orçamento e do contrato.

Dispondo-se do custo e do cálculo detalhado da taxa de BDI apresentado neste manual, pode-se calcular o preço reescrevendo-se a Equação 1.

Equação 6
Preço em
função do
custo

preço – custo = custo × BDI (%)/100
preço = custo + custo × BDI (%)/100

preço = custo × (1 + BDI (%)/100)

Uma outra maneira de escrever a fórmula da taxa de BDI é a seguinte:

Equação 7
Taxa de BDI em função
de preço e custo

$$BDI\,(\%) = \left[\frac{\text{preço}}{\text{custo}} - 1\right] \times 100$$

No comércio, a taxa de BDI pode ser chamada de *mark-up*.[19]

---

[18] O conceito de BDI formal será desenvolvido no Capítulo 2.
[19] Conforme Lapponi (1996). Nos Estados Unidos usa-se o termo *overhead* para as despesas indiretas e o *mark-up* para incluir separadamente o lucro.

1.5 NOMENCLATURA

Serão destacadas três terminologias.

A nomenclatura do *Project Management Institute* (PMI), utilizada no livro Conjunto de Conhecimentos em Gerenciamento de *Projetos*, chamado de Guia *Pmbok*, uma referência mundial na área de Gerenciamento de *Projetos*, traz a linguagem internacional[20] do setor.

A nomenclatura da Editora Pini, utilizada no livro Tabelas de Composição de Preços para Orçamentos (Tcpo 2003)[21], livro de referência do orçamentista de obras brasileiro, traz a terminologia nacional do setor, consagrada pelo uso há dezenas de anos.

Conceitos divulgados pela Escola Politécnica da Universidade de São Paulo (Epusp), especialmente os publicados por Lima Jr. (1995)[22] formam uma nomenclatura acadêmica, utilizada por profissionais pós-graduados.

A terminologia padrão é a do Tcpo 2003, complementada pelas demais, na proposta de buscar uma nomenclatura internacional e prática (sem esquecer a academia) e assim esclarecer a utilização de termos aparentemente conflitantes. Para facilitar a leitura, as palavras com significado técnico ou especial, sob o ponto de vista do autor, estão impressas em *itálico* quando citadas pela primeira vez e serão definidas no Glossário.

Termos básicos

A diferença entre preço e custo – preço é a quantidade de *moeda* a ser trocada pela posse de uma quantidade unitária de um produto ou serviço posto à venda; custo é a quantidade de moeda que foi trocada na aquisição de alguma coisa. Antes da compra é preço, depois da compra é custo para quem adquiriu e *receita* para quem vendeu.

A diferença entre preço e orçamento – denomina-se preço quando a quantidade de produto ou serviço é unitária, ou quando não se fala em quantificação; denomina-se orçamento quando se trata da aquisição de mais de uma unidade de produtos ou serviços. Pode-se calcular uma tabela de preços unitários e não se fazer um orçamento. Pode-se receber um orçamento, o custo total da

---

[20] Alguns termos do Pmbok, apesar de traduzidos para o português, são normalmente citados na língua inglesa, e são utilizados neste idioma. A fonte é o texto original do Project Management Body of Knowledge de 2004.
[21] Em especial, no Capítulo Taxa de Benefícios e Despesas Indiretas.
[22] LIMA Jr., J.R. *BDI nos preços das empreitadas* – uma prática frágil. USP, São Paulo, 1995.

obra, sem o detalhamento dos preços unitários. O preço está mais ligado à empresa construtora, o orçamento está mais ligado à obra (a descrição e a quantidade de serviços que a compõe).

O orçamento está vinculado à necessidade de aprovação e à garantia da existência de recursos. Com base nestas idéias, serão utilizados os seguintes termos:

- *Orçamento de referência* – orçamento elaborado pela empresa contratante com a finalidade de reservar e garantir os recursos para a execução da obra e de, no caso de empresas públicas, propor a sua aceitação pelas empresas construtoras.
- *Orçamento proposto* – orçamento apresentado pela empresa construtora na busca de aprovação pela empresa contratante.
- *Orçamento aprovado* – orçamento cujo escopo (qualidade e quantidade de serviços previstos) e preços unitários foram aprovados pelo contratante.

Diferença entre valor e preço – valor é a quantidade de dinheiro que se aceita (intuitivamente) trocar por um bem ou serviço; preço é uma quantidade de moeda calculada (matematicamente) com base no custo. Quando o valor é maior do que o preço, os benefícios do construtor tendem a aumentar.

Na construção civil, os preços precisam ser formados ou compostos com muito detalhamento, pois incluem a necessidade de se calcular o consumo de materiais de construção (incluindo a análise de perdas e desperdícios) e de mão-de-obra e equipamentos (incluindo a análise da produtividade); de ratear despesas indiretas, de desenvolver análises financeiras e análises de *risco*, entre outros cuidados, além de fornecer suporte para reivindicações.

O orçamento aprovado deve ser complementado por um *contrato*, que defina suas condições de validade. Também pode ser chamado de custo orçado, a meta de custos do projeto a ser comparada com o *custo real* para fins de controle.

Nomenclatura do PMI

A nomenclatura do PMI (2004a) tende a ser cada vez mais utilizada, principalmente entre as empresas contratantes, e deve ser conhecida pelos orçamentistas de obras.

Destacam-se os termos: *projeto, gerenciamento de projetos, WBS*[23], *gerenciamento de custos, gerenciamento de riscos*, estimativa de custos e orçamentação.

---

[23] Termo do PMI (2004b), texto original do PMI (2004a), em inglês.

O termo projeto, nesta terminologia, é um esforço temporário empreendido para criar um produto ou serviço. O projeto, neste enfoque, tem início e fim e um objetivo bem definido, além de contrastar com uma operação, que é uma atividade contínua e repetitiva. Este conceito é mais abrangente do que o escopo dos projetos de arquitetura e engenharia. Para o PMI (2004a), uma obra de construção civil é um projeto. Até mesmo a elaboração de um orçamento de obra pode ser considerado um projeto ou um subprojeto.

Gerenciamento de Projetos, segundo o PMI (2004a), consiste na identificação das necessidades, no estabelecimento de objetivos claros e alcançáveis, no balanceamento das demandas conflitantes de qualidade, escopo, tempo e custo, bem como na adaptação das especificações, planos, abordagens, preocupações e expectativas das partes interessadas.

Reúne nove áreas de conhecimento, assim denominadas:

1. Gerenciamento da integração do projeto
2. Gerenciamento do escopo do projeto
3. Gerenciamento do tempo
4. Gerenciamento de custos
5. Gerenciamento da qualidade
6. Gerenciamento de recursos humanos
7. Gerenciamento de comunicações
8. Gerenciamento de riscos
9. Gerenciamento de aquisições

O gerenciamento de custos inclui os serviços de estimativa de custos e de orçamentação.

Estimativa de custo é a fase inicial do levantamento de custos, quando se calculam os custos dos recursos necessários para terminar as atividades do projeto, utilizando-se várias técnicas, entre as quais a estimativa de custos de projetos anteriores semelhantes, a apropriação de custos internos conhecidos, a consulta a dados publicados, a estimativa paramétrica, as propostas de fornecedores e as análises de *contingência*. Nesta fase buscam-se alternativas mais interessantes, determinam-se as faixas de custo de cada atividade e considera-se o efeito da *inflação*, quando for o caso.

Orçamentação refere-se à agregação dos custos de todas as atividades e à construção do cronograma financeiro do projeto, também chamado de linha base de custos. Reúne dados mais precisos decorrentes da evolução do detalhamento do projeto, da disponibilidade de datas-marco definitivas, do cronograma físico, dos *contratos* firmados, entre outros fatores.

A comercialização engloba o ajuste final da planilha orçamentária, a análise do *valor de mercado*, a definição final da verba de benefícios, a definição do *custo formal*, no ajuste e aprovação do orçamento proposto, que se transforma no orçamento aprovado. Ambos podem ter sua versão interna, o orçamento interno, e podem ser elaborados por orçamentistas de empresas contratantes ou de empresas construtoras.

Segundo o PMI (2003), uma extensão do PMI (2004b), o livro chamado abreviadamente de Construction Extension to Pmbok 2000, existem quatro áreas de conhecimento complementares a serem aplicadas no gerenciamento de projetos de construção civil:

- o gerenciamento da segurança, relacionado com a prevenção de riscos de engenharia e de acidentes de trabalho.
- o gerenciamento do meio-ambiente, relacionado com o controle do impacto da obra no meio-ambiente, de acordo com as normas legais.
- o gerenciamento financeiro, referente à captação e gerenciamento dos recursos para financiamento do projeto, incluindo uma maior preocupação com o *fluxo de caixa* em relação às atividades do gerenciamento de custos.
- O gerenciamento das reivindicações, referente à eliminação ou prevenção do surgimento de reivindicações e agilização do seu tratamento, se elas ocorrerem.

Na linguagem internacional, o orçamento de obras está ligado às áreas de conhecimento denominadas de gerenciamento de custos, gerenciamento de riscos, gerenciamento financeiro e gerenciamento de reivindicações.

A lista de todos os trabalhos ou produtos, parciais ou finais, a serem entregues ao contratante pode ser chamada de Estrutura Analítica do Projeto ou, em inglês, pela sigla WBS[24], de Work Breakdown Structure. É a decomposição lógica do projeto em pequenas partes, mais fáceis de se planejar, orçar e executar.

A WBS do orçamento de obra é chamada de planilha orçamentária.

---

[24] A sigla WBS será mantida em inglês por ser de uso corrente entre os gerenciadores de projeto brasileiros.

1.6 MOEDA UTILIZADA

Para que os dados de preços e custos apresentados no livro permaneçam válidos por mais tempo, eles serão expressos em uma moeda identificada pelo símbolo $, cujo valor é o CUB-PR x 10^{-2}. CUB-PR é o Custo Unitário Básico de Obras de Edificações, calculado pelo Sindicato da Indústria da Construção Civil do Estado do Paraná (Sinduscon PR[25]).

Para determinar o valor da moeda $ em Real (R$) quando o livro for lido, basta pesquisar o valor do CUB-PR e dividir por 100, de acordo com a Equação 8.

Equação 8
Conversão da moeda do texto $ em R$

$$\$ = \text{CUB Médio PR}/100$$

Todos os valores apresentados no livro referem-se ao mês de abril de 2005, quando o valor do CUB médio do Paraná era de R$806,20, sendo $ igual a R$8,06.

Exemplos de conversão:

a) **Valor apresentado: $10,00**
   Valor do CUB PR: R$850,00
   Valor de $ = 850/100 = 8,50
   Valor atualizado para o mês da leitura: R$85,00.

b) **Valor de mercado: R$264,00**
   Valor do CUB PR: R$880,00
   Valor de $ = 880/100 = 8,80
   Valor equivalente: $30,00.

Para converter os valores para outras moedas, transforme-os primeiro para Real através do CUB-PR e depois para a outra moeda.

Exemplo:
   Num mês onde o CUB-PR seja R$1.000,00 e o dólar US$3,00, quanto valeriam $50,00?
   $50,00 equivalerão neste mês: 50 x 1000/100 = R$500,00
   Com o dólar em R$3,00, R$500,00 equivalem a US$166,67
   Então, $50,00 equivalerão a US$166,67.

---

[25] Os valores do CUB-PR podem ser obtidos no site: www.sinduscon-pr.com.br

1.7 EXERCÍCIOS PROPOSTOS

1) Se o preço da obra é $114.750,00 e o custo é $ 85.000,00, qual é a taxa de BDI deste contrato?

   Resp. _____ %

2) Se a taxa de BDI é de 39%, a despesa indireta é de 25% do custo e os benefícios são de $10.000,00, qual é o custo da obra?

   Resp. $ _____

3) Querendo construir obras no Brasil para um investidor europeu, um engenheiro, lendo este livro em janeiro de 2007, resolveu apresentar ao seu cliente dados do mercado brasileiro citados no texto. Supondo que o CUB-PR será de R$1.100,00 e que o valor do euro será de R$3,80, quantos euros deverá custar um Prédio Residencial de 10.800 m², de padrão de acabamento alto, cujo custo informado no texto é de $1.171.368,00?

   Resp. € _____

O MERCADO E O RISCO

Segundo Lima Jr. (1995):

> "Sempre que, em uma economia, não existem monopólios, cartéis, ou interferências indevidas do Estado, os preços dos bens e serviços se formam no seio dos seus mercados. Vale dizer que o confronto das forças de mercado é que impõe a prática de um determinado patamar de preços para os bens e serviços que são transacionados".

Na construção civil, um mercado arriscado quando comparado com o comércio e outras indústrias, as incertezas tem grande influência na formação dos preços, na procura e na oferta de serviços. Mercado, então, neste prisma, é a relação entre procura, oferta e risco.

Construção: atividade arriscada
Falta de padronização dos serviços.
Variações na especificação de insumos.
Atividade artesanal desenvolvida por mão-de-obra pouco qualificada.
Custo baseado em orçamentos e não em apropriações reais.
Atividade de médio prazo que se torna longo em uma economia instável.
Inflação e juros variáveis e elevados.
Ciclos de produção muito variáveis.
Alto nível de informalidade.

Quadro 2.1 Alguns fatos geradores de risco da construção civil.

A procura pelos serviços de construção civil é direcionada pelo nível de *aversão ao risco* do contratante.

Os tipos de serviço característicos do mercado definem o conteúdo das ofertas (materiais de construção e serviços), o regime contratual (administração, *empreitada* por preço unitário, empreitada por *preço global*) e ajustam o nível de incertezas.

Como a iniciativa é do contratante, cabe a ele decidir se assume ou repassa o risco em seus contratos. O construtor responde ativamente ao risco colocando uma margem de segurança em seu preço, ou repassando o risco para seus fornecedores. Ou, ainda, em uma postura passiva, pode expor-se à ocorrência de despesas extras, sem fazer uso de contingências ou repasses, para não perder uma oportunidade de negócio. As respostas aos riscos constituem o elemento balizador do preço e da taxa de BDI.

Até o perfil da estrutura técnica e administrativa do construtor e a despesa indireta dela decorrente configuram uma reação ao risco. Colocar uma equipe pequena para gerenciar muitas obras pode resultar em gastos inesperados. Colocar uma grande equipe de funcionários para acompanhar poucas obras traz a segurança de um alto nível de controle, mas gera um pesado ônus no preço, reduzindo a competitividade.

Estando todo relacionamento técnico e comercial do setor da construção estruturado em função do risco, não há como examinar taxas de BDI fora deste contexto, nem como desprezar a utilização de margens de segurança.

2.1 NÍVEL DE EXIGÊNCIAS

O contratante procura a prestação de serviços que sejam compatíveis com suas exigências contratuais.

As exigências do contratante se expressam nos projetos de arquitetura e engenharia, nos editais, nos contratos e nos memoriais descritivos. Estão relacionadas com *entregas externas*, por exemplo, os serviços de construção e com *entregas internas*, entre as quais, a mobilização, os serviços de vigilância e a manutenção após a *entrega* da obra.

As exigências demandam a alocação de recursos que geram os custos que deverão ser estimados pelo processo de orçamentação. Elas deverão ser garantidas através da existência de uma fiscalização eficiente, tanto preventiva quanto punitiva, visando a assegurar que as entregas serão efetuadas de acordo com o estabelecido no contrato. Assim, o orçamento elaborado permanecerá válido até o final da obra.

O nível de exigências praticado nas obras brasileiras é muito variável. Em algumas construções, operários trabalham sem camisa e de chinelos de dedos. Em outras, só entram no canteiro-de-obra depois de fazerem um curso de segurança de uma semana de duração e após receberem um cartão eletrônico de acesso. A taxa de BDI varia nesta mesma amplitude.

Quanto maiores forem as exigências, maior tende a ser o risco, o preço e a taxa de BDI, por isso, é preciso ter o bom senso de se especificar somente o que for necessário.

2.2 RISCO – O BALIZADOR

Percebe-se, pelos conceitos de Lima Jr. (1995), a importância atribuída ao risco, que o PMI (2004a) define como o "desconhecido conhecido", um evento ou condição incerta que, se ocorrer, terá um efeito positivo ou negativo em algum dos objetivos do projeto.

A análise de riscos, na visão internacional, é interesse que tem origem no contratante e se estende até ao construtor. O gerenciamento de projetos é visto por muitos como sendo a melhor resposta que se pode dar às incertezas que acompanham os empreendedores.

A aversão ao risco[26] é um conceito econômico importante, definido como o posicionamento que se tem frente ao risco (no seu aspecto desfavorável) que pode gerar um forte receio e a disposição de se pagar mais para reduzi-lo.

Mas o risco tem um lado favorável que pode ser chamado de oportunidade. Caso as condições de execução da obra sejam excelentes, o custo real será inferior ao custo orçado, gerando economia. Somente no caso de o orçamento ter sido preparado com condições excessivamente otimistas, com o custo direto adotado no nível mínimo possível, o risco teria uma conotação exclusivamente ruim.

Contratantes podem ter grande aversão aos seguintes riscos, entre outros:
- A obra desabar, com ou sem aviso prévio.
- A obra permanecer com patologias graves, entre as quais, recalques, rachaduras, umidade.

---

[26] Apostar $1.000 no lançamento de uma moeda pode proporcionar a alegria de se ganhar instantaneamente $1.000 ou a tristeza de se perder rapidamente $1.000. A aversão ao risco só enxerga a pior hipótese.

- A obra ser construída com falhas estéticas sérias, tais como pilares fora de prumo, azulejos desalinhados, degraus indesejados em pisos e saliências não projetadas em paredes.
- Atrasos na entrega.
- Solicitações constantes de reivindicações da parte do construtor.

Construtores podem ter grande aversão aos seguintes riscos, entre outros:
- Ficar sem obras, tendo de desativar parte de sua estrutura técnica e administrativa mínima.
- Cobrar preços baixos, que não possibilitem o pagamento das despesas administrativas, da retirada pró-labore dos sócios e dos demais gastos.
- Ter de fazer empréstimos bancários a juros elevados para concluir a execução da obra.
- Prejudicar sua imagem no mercado

A aversão ao risco e a busca por conforto e segurança contribuem para a formação do conceito de valor, a percepção de utilidade ou benefício atribuído à posse de um bem ou a contratação de um serviço, que direciona o quanto se aceita pagar ou o quanto se pode cobrar pelo bem ou serviço.

2.3 PRESTAÇÃO DE SERVIÇOS: RESPOSTA AO RISCO

As entregas exigidas pelos contratantes de obras no mercado brasileiro demonstram a resposta prática que se tem dado aos elevados riscos da construção.

Para contratantes que toleram o risco, existe a prestação de serviços no regime de administração. Para contratantes que têm maior aversão a riscos, as entregas são regidas por contratos de empreitada, entre os quais:
- *Subempreitada.*
- Prestação de serviços.
- *Prestação de serviços especializados.*
- *Prestação de serviço global* a preço unitário.
- Prestação de serviço global a preço global.

Quanto maior for a percepção sobre o risco, mais as entregas do projeto serão detalhadas e maior número de serviços tendem a ser empreitados. Na administração pública, as obras são contratadas por empreitada.

Contrato de administração de obras

O contratante de obras que tem baixa aversão ao risco administra sua obra sozinho ou contrata um construtor para administrar.

Neste tipo de contrato, o proprietário aceita o risco, assumindo a inflação no preço dos insumos, a despesa financeira gerada pelo pagamento imediato das compras e contratações, a estrutura administrativa do canteiro-de-obra, o risco e as incertezas econômicas. O construtor garante o reembolso das contas gerais de sua administração e a obtenção de *lucro* pela cobrança da *taxa de administração* ou pelo recebimento de honorários fixos.

O objetivo do contratante no regime contratual de administração é reduzir a carga tributária da construção e não pagar pela margem de segurança do construtor, a qual seria cobrada em um contrato de empreitada, vantagens que compensariam a aceitação do risco. Considera ainda que o construtor supervaloriza o risco e cobra muito para assumi-lo. As entregas do contrato são representadas pela competência técnica e administrativa do construtor, e materializadas em um conjunto de notas fiscais, folhas de pagamento e contratos de aquisição que serão examinados e aceitos pelo contratante.

A atitude do contratante de assumir o risco de administrar a obra é tida como a forma mais econômica de se construir, o que nem sempre é verdade. A conta que se faz no mercado é simples. Se o orçamento da obra elaborado com a cotação do dia e com um critério otimista é $100 (custo-base), com mais 15% de administração, o custo total será $115, contra prováveis $135 no caso da contratação por empreitada.

Raciocínio I – Comparando preços de administração e empreitada

Levando-se em conta alguns esquecimentos comuns em estimativas de custo de proprietários e administradores, o custo da obra deveria ter sido orçado em $110 e não $100. A apresentação de um orçamento baixo é fato considerado sem importância. Às vezes, o administrador nem fornece previsão orçamentária. De qualquer forma, um orçamento baixo ou inexistente favorece a contratação por administração.

Tendo em vista a existência da inflação, o custo inicial de $110 aumentaria naturalmente durante o transcorrer da obra (como no caso da contratação de empreitada) em função da taxa de inflação e devido ao prazo de execução. Por fim, é razoável considerar um custo de $118.

Considerando que o valor de $118 refere-se a compras contínuas de boas quantidades, características de empresas construtoras, e que o proprietário ou um administrador autônomo, não conseguiriam obter as mesmas vantagens ou descontos, é razoável supor que o administrador faria a mesma compra por $121.

Ao ocorrerem algumas despesas inesperadas, chamadas de contingências, não consideradas em orçamentos de leigos e administradores, no valor de $3, o custo da obra seria de $124.

Acrescentando uma taxa de 15% referente aos honorários do administrador, o custo total da obra subiria para $142,60. Aliás, seria razoável considerar o custo das horas de acompanhamento do proprietário e das instalações e equipamentos pessoais empregados em benefício da obra, bem como arredondar o custo total da obra para $145,00[27].

Percebe-se inicialmente que chegamos a um custo total da obra por administração superior ao valor suposto de $135.

Como o custo-base de $100 pode corresponder a um custo direto de $91, um construtor que cobre uma taxa de BDI de 59,34% em um contrato de empreitada, sobre os $91, chegará ao mesmo custo do "acréscimo de 15%" sobre o custo-base de $100 da taxa de administração, ambos totalizando $145.

Raciocínio 2 – Comparando preços de administração e empreitada

Nem sempre existe uma visão realista acerca do risco da construção, nem mesmo por parte do construtor.

Para apresentar alguns números mais elaborados, retirados das análises quantitativas feitas para a composição deste texto, foi avaliado o risco máximo para a execução de obras, considerando-se dois cenários, o primeiro com um custo direto reajustável mensalmente e um segundo com custo direto não reajustável.

---

[27] Conheço casos de administração de obras bem mais desfavoráveis financeiramente do que o apresentado nesta ilustração.

Com base em um edifício de 1.800 m² de área construída e padrão médio de acabamento, foram identificadas duas hipóteses: a) o caso de um contratante que resolva construir a obra por sua conta e b) o caso de um construtor que deixe a obra ser desenvolvida sem muito controle.

As taxas de BDI obtidas sobre o custo direto da obra para os dois cenários e as duas hipóteses propostas estão apresentadas no Quadro 2.2.

BDI máximo	Administração do proprietário leigo	Empreitada construtor inexperiente
Custo direto reajustado mensalmente	43,40%	82,11%
Custo direto sem reajuste	64,23%	103,40%

Quadro 2.2 Taxa de BDI para riscos máximos.

Interpretando estes números, aplicáveis à prestação de serviço global, percebe-se que o custo total do contratante, mesmo pagando impostos menores e não considerando suas horas de trabalho, de seus funcionários ou até de sua família, se tocasse a obra por sua conta, em função dos riscos e incertezas apurados nas análises quantitativas, poderia ter despesas indiretas[28] até maiores do que as taxas de BDI de mercado dos construtores em contratos de empreitada, na faixa de 40%.

Já os construtores, se não tiverem competência para controlar o risco, gastando mais do que o cliente com *despesas tributárias*, *despesas comerciais* e despesas administrativas, terão uma taxa de BDI bastante superior ao que se poderia efetivamente cobrar.

A possibilidade de sofrer impactos gerados por riscos é grande de ambos os lados mas isso não aparece no mercado, que não tem sistemas para controlar o custo da qualidade e nem quer examinar a fundo uma constatação intuitiva de um grande prejuízo.

Subempreitada

A prestação de serviços de mão-de-obra refere-se aos serviços de recrutamento, seleção, contratação e disponibilização de uma equipe de operários

---

[28] Não foi analisada a hipótese de executar a obra sem supervisão técnica e com operários contratados na informalidade. Opção de menor desembolso financeiro imediato na construção de pequenas obras. Este tipo de execução de obra é ilegal e não faz parte das análises e comparações propostas neste livro.

no canteiro-de-obra. Inclui a orientação técnica, a programação e a distribuição do serviço entre os operários.

Quando o contratante tem aversão ao risco de pagar caro pela mão-de-obra[29] dos operários ou, pelo menos, um certo receio de deixar esta conta em aberto, pode contratar a mão-de-obra por empreitada, por um preço fixo e previamente conhecido, independentemente do tempo e do número de operários necessários para realizar uma etapa ou a totalidade da obra.

No contrato por empreitada, o subempreiteiro irá incluir uma margem de segurança no seu preço, que o contratante se dispõe a pagar para não correr o risco de incorrer em um custo ainda maior na utilização de sua equipe própria.

A empreitada pode ter um preço global ou um preço unitário. Quando a quantidade e a qualidade dos serviços estão bem definidas na documentação técnica, há a conveniência da contratação por preço global, na qual os pagamentos da obra são efetuados de maneira simples, sem a necessidade da medição detalhada de todos os serviços efetuados.

Caso contrário, por exemplo, na contratação de um projeto básico, onde a especificação e a quantificação dos serviços de construção estão sujeitas a modificações consideráveis, o melhor regime de contrato de empreitada é o preço unitário. A obra é decomposta em pequenas partes que só serão pagas quando realmente executadas.

A WBS de um contrato por preço unitário teria um formato semelhante ao do Quadro 2.3.

Nível 1	Nível 2	Nível 3
1. Fundações	1.1 Estacas	1.1.1 Estaca Strauss 30 t (m)
		1.1.2 Estaca Strauss 50 t (m)
	1.2 Viga Baldrame	1.2.1 Forma tábua (m^2)
		1.2.2 Aço CA 50 10 mm (kg)
		1.2.3 Concreto usinado (m^3)
2. Etapa 2		
N Etapa n		

Quadro 2.3 Ilustração de WBS na empreitada a preço unitário.

Sugere-se incluir somente as entregas externas na WBS. Na empreitada, não faz sentido, tecnicamente falando, relacionar as entregas internas, itens

---
[29] É comum os trabalhadores de construção civil diminuírem o ritmo de trabalho quando ganham por hora trabalhada.

que não se pode medir adequadamente, tais como salários de funcionários, instalações e equipamentos pertencentes ao subempreiteiro, esforços internos de mobilização, vigilância do canteiro, e itens afins. Em contratos de administração, destaca-se o pagamento da administração, em contratos de empreitada define-se um preço certo pela "coisa pronta".

No Capítulo 5, item 5.8, será calculado um *BDI* para o subempreiteiro de mão-de-obra da mesma obra citada anteriormente, um edifício residencial de 1.800 m² e padrão de acabamento médio. Havia um orçamento da mão-de-obra de equipe própria trabalhando por hora (item 5.6) que, com os encargos sociais, era de $53.514,00.

O subempreiteiro de mão-de-obra estimou o custo do pagamento das diárias dos operários em $17.802,00, os custos com encargos sociais, alimentação e transporte dos operários foram estimados em $17.856,00, e o custo direto foi estimado em $35.658,00. O preço proposto pelo subempreiteiro, calculado no item 5.8, é de $51.611,39, com uma taxa de BDI do subempreiteiro de 44,74%.

O contratante, neste caso, ficou com um preço fixo inferior ($51.611,39) ao que foi orçado para sua equipe própria ($53.514,00) e que ainda poderia variar, tendo equacionado o custo da mão-de-obra dos operários, passando a se preocupar com o planejamento da obra e com a aquisição dos materiais.

Prestação de serviços de mão-de-obra do construtor

Quando se trata de obra de maior porte ou complexidade, a segurança da prestação de serviços de mão-de-obra passa a depender ainda mais de uma exata compreensão do projeto, de um planejamento executivo que envolva as empresas projetistas, vários tipos de operários e vários subempreiteiros especializados, o que exige um fornecedor de mão-de-obra mais qualificado que, neste caso, é o construtor. Transferir a responsabilidade de toda a mão-de-obra para um único subempreiteiro poderia trazer sérias conseqüências para o prazo de execução e para a qualidade dos serviços.

Um contratante com maior aversão ao risco de sofrer prejuízos com a mão-de-obra irá solicitar a prestação de serviços de um construtor. Que poderá utilizar equipe própria de operários ou vários subempreiteiros, incluindo todo o gerenciamento necessário do pessoal.

No Capítulo 5, item 5.9, será calculado um BDI para o prestação de serviços de mão-de-obra, por um construtor utilizando subempreiteiro de mão-de-obra para a construção do edifício residencial de 1.800 m² e padrão de acabamento médio. Pode-se supor que, em vez de um único subempreiteiro, sejam alguns subempreiteiros, cuja contratação total seja efetuada no mesmo preço anterior, de $51.611,39 (item 5.8).

Portanto, o contratante contrataria o construtor por empreitada de preços unitários, no preço de $71.977,24. Este preço foi calculado com uma taxa de BDI de 39,46%.

Prestação de serviços especializados

Um contratante pode se sentir bastante seguro em sua capacidade de adquirir suprimentos, comprar materiais de construção, locar e comprar equipamentos de obra, acreditando desempenhar esta função até melhor do que o construtor, apesar de saber que o construtor faz isso freqüentemente e compra em grandes quantidades. Considerando ainda a economia adicional que fará com recolhimento de impostos, o contratante pode decidir ficar responsável pelo *fornecimento de materiais*.

Em relação ao planejamento e gerenciamento da obra e ao fornecimento de mão-de-obra, o contratante poderá ter aversão ao risco de tomar decisões que lhe causem grande prejuízo. Neste caso, irá contratar a prestação de serviços especializados do construtor.

Embora o construtor não se responsabilize pela cotação, compra e pagamento dos materiais de construção e dos equipamentos, deverá passar informações que tornem possíveis as aquisições de suprimentos pelo contratante, enquanto se encarrega do planejamento executivo da obra e da aplicação dos materiais. Em alguns casos, como obras de distribuição de água e esgotos, a prestação de serviços especializados inclui o fornecimento de materiais de construção básicos, ficando apenas os itens mais caros por conta do contratante.

No Capítulo 5, item 5.7, será calculado um BDI para a prestação de serviços especializados por um construtor, utilizando equipe de mão-de-obra própria, tomando-se por base a mesma obra já citada. O custo direto da mão-de-obra será $53.514,00 e o preço cobrado $101.130,75. A taxa de BDI foi de 88,98%, com o repasse de todas as despesas administrativas e de todos os riscos para o construtor.

Supondo que o contratante consiga comprar os materiais de construção no preço orçado pelo construtor, $84.528,00 (item 5.6, na análise do fornecimento de materiais pelo construtor), o prédio teria um custo total de $185.658,75.

Prestação de serviço global

A prestação de serviço global é o fornecimento de todos os insumos por conta do construtor, tanto o gerenciamento da obra como os custos das aquisições. É o fornecimento de materiais de construção em conjunto com a prestação de serviços especializados. Pode ser contratado por preço unitário ou por preço global.

Aqui todo o risco é transferido para o construtor que tem de entregar o prédio pronto, aconteça o que acontecer.[30] A prestação de serviço global pode ser contratada com taxa única de BDI ou com taxas de BDI diferenciadas, uma para fornecimento de materiais e outra para a prestação de serviços especializados.

No item 5.5 do Capítulo 5 será calculado um BDI para o a prestação de serviço global por um construtor, utilizando equipe de mão-de-obra própria. O custo direto da obra é de $138.042,00 e o preço calculado é de $193.465,86. Será cobrada uma taxa de BDI de 40,15%. Comparando o custo total da prestação de serviços especializados com a prestação de serviço global, o cliente pagaria mais $7.807,11 pela contratação da prestação de serviço global, ficando livre das preocupações com os materiais.

No Capítulo 5, item 5.6, foram calculadas taxas diferenciadas de BDI para fornecimento de materiais e serviços em um mesmo contrato.

2.4 BDI FORMAL

BDI formal é o indicador que avalia o preço oficial de obras no regime de empreitada. É a taxa que aparece nos documentos apresentados no mercado. BDI e custos formais são negociados com base no conceito de valor.

A noção de valor do contratante define o quanto ele aceita pagar por uma obra, em um determinado tipo de prestação de serviço e de contrato.

Em uma construção de natureza comercial ou industrial, na qual é efetuado um investimento que precisa retornar o mais rápido possível, o senso de valor da empresa contratante está muito relacionado com a garantia de obtenção de um prazo urgente. Quanto maior a noção de valor do contratante, mais facilmente será aceito o preço do construtor.

---

[30] Excetuando-se os imprevistos de força maior, comentados no Capítulo 4 e discriminados no Quadro 4.10.

O conhecimento dos preços, taxas de BDI e custos apresentados oficialmente por contratantes e construtores é muito importante. É possível fazer uma pesquisa de mercado e conhecer a noção de valor existente.

Custo formal é o gasto dos itens discriminados nas propostas, contratos e demais documentos técnicos ou administrativos. Nem sempre o custo formal é o custo direto. Quanto mais itens forem incluídos na WBS, maior é o custo formal e menor a taxa de BDI formal[31], responsável por incluir no preço as despesas indiretas não discriminadas.

2.5 MARGEM DE SEGURANÇA PRELIMINAR

Como a maioria dos riscos da construção civil são repassados aos construtores por contratos de empreitada, resta ao construtor saber identificá-los e embuti-los no seu orçamento através de uma margem de segurança.

Entre os componentes da taxa de BDI existem alguns itens que podem ser classificados como mais concretos, mais imediatos, enquanto outros, por terem cálculo mais complexo, são mais intangíveis. Baseada nesta percepção, a apresentação da teoria será dividida em duas partes. A primeira, chamada de "Componentes básicos", será apresentada no Capítulo 3. A segunda, chamada de "Componentes complementares", será apresentada no Capítulo 4.

Como o *preço de mercado* é supostamente conhecido (ou em processo de definição por tentativa e erro) e os componentes básicos podem ser definidos por cálculos simples, propõe-se, neste item, o cálculo de um primeiro indicador para avaliação dos riscos de um contrato. Sua utilização possibilita o cálculo de uma margem de segurança preliminar, mesmo antes de serem calculadas as despesas indiretas complementares.

Ilustração de uma situação comercial de mercado

Desejando especializar-se na construção de escolas na região em que atua, um construtor pesquisou o seguinte conjunto de ofertas de empresas públicas:

---

[31] Técnicas para cálculo do BDI formal são apresentadas no último capítulo.

Obra: construção de escolas	Área (m²)	Preço máximo ($)	Preço máximo ($/m²)	Taxa de BDI (%)
Governo X	500,00	43.750	87,50	36,0%
Fundação Y	700,00	52.500	75,00	32,0%
Prefeitura Z	900,00	56.250	62,50	25,0%
Média	700,00	50.833	72,62	

Quadro 2.4 Preços oferecidos por empresas contratantes.

Os preços foram retirados dos editais da licitação e estão expressos na moeda $, definida no Capítulo 1. As obras têm padrões de acabamento e projetos supostos semelhantes. As taxas de BDI atribuídas às empresas públicas foram obtidas internamente nos departamentos de licitações.

Com os dados disponíveis, pode-se calcular os custos formais das obras adotados pelas empresas contratantes.

Fazendo uso da Equação 7, com a taxa de BDI expressa em decimal, tem-se:

BDI = Preço/Custo − 1

Custo = Preço/(1 + BDI)

Foram calculados os custos do Quadro 2.4 e apresentados no Quadro 2.5.

Empresa	Custo ($)	Custo unitário ($/m²)
Governo X	32.169	64,34
Fundação Y	39.773	56,82
Prefeitura Z	45.000	50,00
Média	38.981[32]	57,05[33]

Quadro 2.5 Custos formais das empresas contratantes.

Percebe-se que os custos formais das empresas contratantes diferem entre si. Isso acontece na prática. São utilizadas cotações de insumos, composições de custo unitário, critérios de quantificação e projetos distintos. Efetuada a licitação para ser construída a escola da Fundação Y, foram obtidas as seguintes propostas:

Escola	Preço Fundação y	Preço Construtora 1	Preço Construtora 2	Preço Construtora 3
Preço ($)	52.500	34.125	47.250	49.800
Preço unitário ($/m²)	75,00	48,75	67,50	71,14
Desconto oferecido		35%	10%	5,14%

Quadro 2.6 Preços oferecidos por empresas construtoras.

---

[32] Custo médio levando-se em consideração a área construída da amostra.
[33] Média do custo unitário das três obras.

Sendo uma concorrência pública, a construtora 1, com o menor preço, foi declarada vencedora. Na análise da Fundação Y, a construtora 1 venceu a concorrência com um BDI negativo, calculada com a ajuda da Equação 7:

$$BDI\ (\%) = [\ preço/custo\ formal - 1\ ] \times 100$$

$$BDI\ (\%) = [\ 34.125/39.773 - 1\ ] \times 100$$

$$BDI\ (\%) = [\ 0{,}858 - 1\ ] \times 100$$

$$BDI\ (\%) = [\ -0{,}142\ ] \times 100$$

$$BDI\ (\%) = -14{,}2\%$$

No entanto, a indicação fornecida pela taxa de BDI está diretamente relacionada com o custo de quem efetua a análise.

Sob a ótica da construtora 2, que orçou seu custo direto em $33.750, as taxas de BDI da licitação são bem diferentes, a saber:

a) A taxa de BDI oferecida pela Fundação Y, segundo a construtora 2, é de:

$$BDI\ (\%) = [\ 52.500/33.750 - 1\ ] \times 100 = 55{,}56\%$$

b) A taxa de BDI apresentada na concorrência pela construtora 2, segundo seus dados internos, é de:

$$BDI\ (\%) = [\ 47.250/33.750 - 1\ ] \times 100 = 40{,}00\%$$

c) A taxa de BDI da construtora 1, a vencedora da concorrência, de acordo com a análise econômica da construtora 2, é de:

$$BDI\ (\%) = [\ 34.125/33.750 - 1\ ] \times 100 = +1{,}11\%$$

Observe que:
- A taxa de BDI depende muito do custo direto considerado.
- O custo direto estimado pela empresa contratante não é igual ao custo direto levantado pela empresa construtora.
- A percepção sobre taxa de BDI de contratantes e construtores pode ser bem diferente, conforme demonstram as taxas calculadas: -14,20%, 1,11%, 25,00%, 32,00%, 36,00%, 40,00% e 55,56%.

A construtora 2 calculou sua taxa interna de BDI em 40% (com a qual perdeu a concorrência) da forma esquematizada no Quadro 7.

Item	Tx s/P	Valor ($)	Tx s/C
Preço (P)	**100%**	**47.250,00**	**140%**
(-) Despesas tributárias	10%	4.725,00	
(-) Despesas comerciais	3%	1.417,50	
(-) Custo direto (C)	71,4286%	33.750,00	100%
(-) Desp. administrativas	8,5714%	4.050,00	12%
Margem de segurança preliminar 7%		**3.307,50**	**9,8%**

Quadro 2.7 Margem de segurança preliminar no preço do construtor.

Esta construtora ofereceu um desconto no valor apresentado pelo contratante ($52.500) de 10%, propondo realizar a obra por $47.250.

Do valor proposto, descontou as despesas tributárias, os impostos, considerando uma carga tributária de 10% do preço, em um total de $4.725,00.

Descontou também a despesa comercial relacionada a este contrato, que é a comissão que terá de pagar a seu representante comercial na região da obra, no valor de 3% do preço proposto, que tem como total $1.417,50.

Descontou ainda o seu levantamento de custo direto, que era de $33.750,00.

Finalmente, abateu as despesas administrativas que serão geradas pelo contrato, no total de $4.050,00. Como resultado, a construtora 2 apurou que, após descontar os itens mais concretos de gastos do contrato, restou um saldo parcial de $3.307,50, isto é, dentro da taxa de BDI solicitada de 40%, existia uma "sobra" ou "folga" de 9,8% do custo direto. Vamos chamar o percentual de 9,8% do custo direto de *margem de segurança preliminar* do preço.

O preço deve ser avaliado em função de uma análise de risco. Quando existe uma margem de segurança suficiente e embutida no preço, a entrega da obra, com relação ao orçamento, pode ser considerada garantida. A questão pendente restringe-se à apuração de qual será a lucratividade efetivamente atingida pelo construtor no final da obra, que será função de sua competência, dedicação e até da sorte[34] que tiver durante a execução.

A empresa contratante também deve avaliar a margem de segurança que oferece. Na maioria dos casos, e especialmente em obras industriais e comerciais, os benefícios gerados pelo uso antecipado da construção e pela inexistência de patologias superam, em muito, uma eventual economia de alguns pontos percentuais na taxa de BDI.

---

[34] Algumas incertezas são classificadas de variáveis "não-monitoráveis" por não dependerem das ações do construtor.

No detalhamento da margem de segurança, materializa-se o nível de aversão ao risco de contratantes e construtores, bem como configura-se a noção de valor de cada um, em termos financeiros. Podem ser examinadas as margens de segurança calculadas detalhadamente nos itens 5.3 e 5.4.

2.6 DIMENSIONAMENTO DA DESPESA FIXA

A busca de segurança pelo construtor também está relacionada com a sua estrutura administrativa. Ela é que vai dirigir e controlar as atividades para que o custo real seja igual ao orçamento. O construtor com aversão ao risco tende a aumentar sua despesa fixa. Por outro lado, quanto mais seguro for o esquema de execução, mais caro fica o preço e a competitividade do construtor pode ficar prejudicada. Percebe-se que até a despesa administrativa faz parte do gerenciamento do risco.

É necessário ajustar os encargos da estrutura administrativa ao custo direto da obra. Esse equilíbrio vai depender do volume de produção. Com base no preço de mercado e no seu custo direto, a preocupação do construtor passa a ser o ponto de equilíbrio.

O preço praticado deve gerar um volume de obras mínimo que mantenha em atividade uma estrutura administrativa mínima, que possibilite o gerenciamento da construção e as retiradas pró-labore dos sócios e que garanta que não haverá prejuízo no final do ano.

Caso do Ambulante

Um ambulante, ao comprar uma lata de refrigerante por R$1,00 no supermercado e vendê-la na praia por R$2,00, pratica uma margem de 100%. Esta margem é boa ou ruim? A resposta depende do volume da comercialização.

Supondo que para ir e voltar da praia, única despesa considerada neste exemplo, o ambulante gaste R$5,00 de condução; se for para vender apenas 5 latas de refrigerante por dia, ganhando R$1,00 em cada uma e obtendo apenas o reembolso da condução, a margem de 100% torna-se insuficiente. Para este volume de venda, seria melhor ficar em casa.

Se conseguir vender 105 latas por dia, a margem de 100% seria boa, pois haveria um lucro diário de R$100,00. Trabalhando 25 dias por mês, ele ganharia R$2.500,00/mês, talvez mais do que alguns engenheiros. A margem de 100% seria excelente.

Observa-se que o mesmo preço e o mesmo BDI pode ser bons ou não, dependendo da quantidade de serviço. Quanto menor for a margem do ambulante, mais latas de refrigerante ele terá de vender por dia para obter o mesmo resultado. Quanto maior o volume de obras, menor pode ser a taxa de BDI.

A seguir será definido o indicador A_C para medir o encargo administrativo. O estudo do ponto de equilíbrio será desenvolvido no Capítulo 7.

2.7 EXERCÍCIOS PROPOSTOS

1) O investimento nas atividades descritas a seguir reduziriam sensivelmente a ocorrência de despesas inesperadas na relação entre a procura por serviços do contratante e a oferta de serviços pelo construtor. (marque V para verdadeiro ou F para Falso)

   ( ) a. A contratação dos projetos de arquitetura com alto nível de detalhamento executivo.
   ( ) b. A especificação detalhada dos materiais de construção a serem utilizados.
   ( ) c. O detalhamento das normas de execução dos serviços da obra.
   ( ) d. A definição das condições de contratações dos operários, garantidas por uma rígida fiscalização do contratante da obra.
   ( ) e. O treinamento e a capacitação contínua dos operários.
   ( ) f. A elaboração de propostas comerciais por equipe que tenha experiência de campo e vivência administrativa.
   ( ) g. A apropriação contínua do custo direto de produção da obra.
   ( ) h. O gerenciamento do projeto.
   ( ) i. Planejar a obra para um maior prazo de execução.
   ( ) j. Investir na pesquisa pelo construtor mais indicado para executar os serviços.

2) O investimento nas atividades que reduzem o risco pode, em linhas gerais, ser considerado como: (escolha a melhor alternativa)

   ( ) a. Muito baixo
   ( ) b. Razoável
   ( ) c. Alto
   ( ) d. Muito alto

3) O impacto máximo que pode ser causado pelo risco é classificado como: (escolha a melhor alternativa)
   ( ) a. Muito baixo
   ( ) b. Razoável
   ( ) c. Alto
   ( ) d. Muito alto

4) O conceito de aversão ao risco quer dizer, em bom português: (escolha a melhor alternativa)
   ( ) a. O medo de se dar mal.
   ( ) b. Ser contra a aplicação do conceito de risco na formação de preços.
   ( ) c. A reação que visa a repelir de qualquer maneira a possibilidade de ocorrência de um evento desfavorável específico.
   ( ) d. A raiva direcionada contra qualquer tipo de evento que possa ser considerado incerto ou aleatório.

5) O conceito de valor: (escolha a alternativa correta)
   ( ) a. Decorre unicamente do conceito de aversão ao risco.
   ( ) b. É influenciado pelo conceito de aversão ao risco.
   ( ) c. Não tem relação com o conceito de aversão ao risco.

6) Este capítulo dá a entender que... (marque V para verdadeiro ou F para Falso)
   ( ) a. Conhecer o valor de mercado auxilia no cálculo de preços mais competitivos.
   ( ) b. Não se deve calcular preços, pois o que manda é a noção de valor.
   ( ) c. A noção de valor do construtor não interfere no seu preço final.

7) O que se pode fazer para apresentar um BDI reduzido sem alterar o preço orçado? (escolha a alternativa correta)
   ( ) a. Aumentar artificialmente o custo unitário dos serviços, descontando o valor do acréscimo no orçamento das despesas indiretas.
   ( ) b. Incluir itens de despesas indiretas na planilha orçamentária, retirando-as do cálculo do BDI.

( ) c. Omitir serviços de construção existentes na planilha orçamentária.
( ) d. As alternativas a e b estão corretas.

8) Marque V para verdadeiro ou F para falso, nas afirmações apresentadas a seguir.
( ) a. O preço pode ser igual ao valor.
( ) b. O preço pode ser igual ao custo.
( ) c. O valor pode ser igual ao custo.

9) Marque V para Verdadeiro e F para Falso, nas afirmações abaixo, de acordo com a compreensão obtida sobre as idéias apresentadas neste capítulo:
( ) a. A taxa de BDI é uma margem bruta aplicada sobre o custo da construção.
( ) b. A taxa de BDI Formal indica a relação entre os componentes do orçamento proposto.
( ) c. A Margem de segurança preliminar fornece uma primeira idéia do risco considerado na elaboração do preço.

10) Custo formal, na nomenclatura do texto: (escolha a alternativa correta)
( ) a. É o custo direto.
( ) b. É o custo direto dos itens discriminados na planilha orçamentária.
( ) c. É o custo-base.

11) Sabendo-se que uma obra foi oferecida por $100.000 e que:
a. A despesa tributária é de 9% deste valor.
b. A despesa comercial é de 4% deste valor.
c. O custo direto é 70% deste valor.
d. A despesa administrativa é de 13,5% do custo direto.
Qual a margem de segurança preliminar em relação ao custo direto?

COMPONENTES BÁSICOS DO PREÇO

A proposta deste capítulo é definir o custo e detalhar as despesas indiretas de compreensão mais imediata, de forma a calcular com mais precisão as variáveis utilizadas no cálculo da margem de segurança preliminar proposta no Capítulo 2.

Serão apresentadas as despesas administrativas, tributárias e comerciais e lançadas as bases para as análises quantitativas desenvolvidas no manual. Os conceitos são aplicáveis ao regime contratual de empreitada. As particularizações para os contratos de administração serão apresentadas no Capítulo 6.

3.1 CUSTO DIRETO[35]

Segundo o dicionário Houaiss, custo é o esforço empregado na produção de bens ou serviços, ou a importância com que se adquirem bens ou serviços. Despesa é o desembolso de dinheiro, o ato ou efeito de gastar.

Custo	Despesa
Idéia de esforço e trabalho para a obtenção de um produto.	Idéia de gasto com a finalidade de obtenção de receita.
Foco na definição do produto e no detalhamento do serviço prestado.	Foco na movimentação financeira total.

Quadro 3.1 Definições de custo e despesa.

---

[35] Nomenclatura do TCPO 2003.

Embora semelhantes, as definições possuem diretrizes distintas, sobre as quais são definidas nomenclaturas diferentes em cada área do conhecimento. Isto ocorre em face das características e objetivos diferenciados de cada atividade.

No Quadro 3.2, apresentam-se nomenclaturas adotadas em outras áreas.

Atividade	Nomecratura
Contabilidade financeira	Despesa, contrapondo-se à receita.
Contabilidade de custos	Custo direto e custo indireto, contrapondo-se às despesas empresariais da fábrica.
Contabilidade gerencial	Custo variável, contrapondo-se ao custo fixo.
Área comercial	Custo formal do contrato, contrapondo-se aos gastos não listados na planilha orçamentária.
Direito	Custo previsível, contrapondo-se ao custo impossível de ser orçado.

Quadro 3.2 Termos utilizados para descrever custos.

No PMI (2004a), fala-se em gerenciamento de custos e em estimativas de custos. O foco é o esforço para executar o projeto inteiro, a totalidade da obra ou do empreendimento na perspectiva do contratante ou proprietário. Nesta visão macro, usa-se simplesmente a palavra custo.

Contabilidade financeira

A Contabilidade Financeira se preocupa em classificar os componentes da movimentação financeira em entradas e saídas, investimento e retorno, débito e crédito. Neste enfoque, o custo (esforço) é a despesa que teve de ser realizada. A classificação é efetuada de acordo com a legislação tributária e demais procedimentos legais aplicáveis, documentando e contabilizando a movimentação financeira passada, para benefício do empresário e, em última análise, dos bancos e do governo. Seu plano de contas, seus centros de custo e sua classificação de despesa nem sempre são compatíveis com a área de orçamento de obras, em que a ênfase está na estimativa de gastos futuros e na avaliação de riscos, na busca pela lucratividade.

Exemplo: enquanto o orçamentista de obras se esforça para estimar o custo total de um equipamento na execução de um serviço, agrupando os gastos e expressando tudo em uma única variável, o custo horário do equipamento, a contabilidade registra as despesas em diferentes contas, a saber: ativo, depreciação, manutenção, combustíveis, entre outras. O procedimento contábil é necessário para a documentação da empresa, mas normalmente confuso para a elaboração de projeções e previsões.

Contabilidade de *custos*

Na contabilidade de custos, normalmente aplicada ao caso simplificado da indústria em geral[36], o foco é apropriar o custo total de cada unidade do produto, diferenciando-os dos demais gastos. Este custo é dividido em custo direto e indireto e apropriado através do sistema de custeio tradicional ou por absorção (MAUAD; PAMPLONA, 2002).

O custo direto é o custo da reposição de insumos no estoque e o custo indireto é o rateio dos custos das instalações e equipamentos utilizados, tudo historicamente conhecido, com proporções fixas e seguras.

O conceito de custo direto é idêntico ao adotado na área da construção, apenas a forma de apuração é diferente. O custo direto industrial é apropriado e conhecido com precisão enquanto o custo direto na área de orçamento de obras é estimado ou esperado. Já o conceito de custo indireto industrial não se aplica bem na construção civil e menos ainda na área orçamentária.

Os gastos indiretos na construção são muito variáveis e não mantêm proporções fixas com o custo direto, nem no custo total nem no cronograma. Os gastos administrativos variam muito para um mesmo volume de produção, sendo, por isso, mais aplicável a denominação de despesa indireta, apenas um gasto efetuado para obter a *receita*.

Por exemplo, suponha que um chefe de produção de uma indústria coordena um setor que utiliza um galpão, alguns equipamentos e uma equipe de mão-de-obra que produz todo mês 1.000.000 de unidades. Ele pode ser classificado como um custo indireto, pois a empresa sabe que gasta com seu trabalho de supervisão um milionésimo de salário mensal por item produzido, o que é controlado continuamente.

Na construção civil, um mestre-de-obras pode acompanhar uma obra de 300m^2 em 12 meses, ou uma obra de 20.000 m^2 em 4 meses. Em face da disparidade existente entre estes níveis de consumo, é melhor dizer: "a despesa indireta com mestre-de-obras estimada para esta obra é de 12 salários", do que: "foi rateado um custo indireto de X salários por metro quadrado".

Contabilidade gerencial

Na contabilidade gerencial, o foco consiste em fornecer suporte às decisões do gerente, decisões essas relacionadas com o volume de vendas, de produção

---

[36] É oportuno destacar que nas indústrias em geral os produtos são fabricados em quantidades constantes, de mesma especificação, em locais fixos, no mesmo prazo, entre outras condições favoráveis, quando comparadas à indústria da construção civil.

e os gastos empresariais. Neste caso, é necessário separar os gastos administrativos, chamados de custo fixo (esforço que o empresário faz para manter a despesa contínua do escritório da empresa), dos gastos para produzir, chamados de custos variáveis (no sentido do esforço que o empresário faz para produzir quantidades específicas), gastos que devem estar equilibrados.

Para a área de orçamentos, o que é fixo é o custo da produção, para executar os serviços definidos nos projetos. Os gastos indiretos é que são variáveis, em função do nível de estrutura administrativa necessária. É uma situação inversa. A nomenclatura fixo/variável não se aplica a orçamentos de construção.

Área comercial

Na solicitação ou elaboração de uma *proposta comercial*, o foco está colocado sobre os componentes da planilha orçamentária, que tem seus itens listados e organizados de modo a facilitar a negociação e a contratação. Os gastos para executar os itens da WBS constituem o custo formal, específico de cada proposta ou contrato, por critérios comerciais que não constituem uma referência firme para a composição de preços.

Uma mesma obra orçada para cinco clientes diferentes teria um único orçamento interno, apresentado, muito provavelmente, de cinco maneiras diferentes. Haveria um único custo direto e cinco custos formais.

Direito

Em questões judiciais, para fins de julgamento de pedidos de revisão de preços de obras, o objetivo é definir se um determinado custo reivindicado pelo construtor poderia ter sido previsto na elaboração do orçamento. Se positivo, o pedido é considerado infundado. Se negativo, o preço pode ser recomposto. O conceito de custo previsível envolve todos os gastos exceto a previsão de lucro, um conceito muito genérico para quem precisa elaborar um orçamento detalhado.

3.1.1 Conceito de custo para o orçamentista de obras

Para calcular o preço e a taxa de BDI, o orçamentista utiliza o conceito de custo direto[37] que envolve cinco idéias principais apresentadas a seguir.

A Idéia de fabricação

A primeira idéia relacionada com custo é a de produção, fabricação ou esforço. O custo é o gasto para produzir o serviço. É a troca de dinheiro para financiar uma atividade que resulta em um produto visível, palpável e mensurável.

Como uma das maneiras mais comuns de se contratar serviços de construção civil é a empreitada por preços unitários, é necessário que exista uma forma clara de orçar o que será feito e medir o que foi executado.

A planilha orçamentária, também chamada de orçamento sintético deverá discriminar apenas os serviços de construção que serão produzidos.

O vínculo com a quantidade produzida

Custo é todo o gasto gerado por um consumo, cuja quantidade é diretamente proporcional à quantidade de serviço produzida. Por esta razão, é denominado de custo direto.

Graças a esta propriedade do custo, o consumo unitário e o custo unitário dos serviços de construção podem ser calculados com base na quantidade dos serviços projetados pela arquitetura e engenharia.

Os gastos que não puderem ser relacionados diretamente com os itens executados deverão ser relacionados indiretamente com a quantidade produzida pela taxa de BDI.

O vínculo com a condição favorável de execução

Para estimar o custo direto, parte-se do pressuposto de que existe um cenário adequado de execução. Supõe-se que as coisas vão correr bem durante a produção.

Não se deve misturar a análise de riscos com o levantamento de custos diretos. Se isso fosse feito, teríamos níveis de custo direto muito diferentes no mercado, pois não existe uma padronização de critérios para a avaliação de incertezas. Uma empresa poderia se precaver contra gastos extras aumentando o preço de alguns insumos, outra poderia aumentar o nível de desperdício, outra poderia reduzir o nível de produtividade dos operários ou ainda onerar a taxa de encargos sociais.

---

[37] Segundo Mauad e Pamplona (2002), o custeio direto traz informações gerenciais importantes como a margem de contribuição, útil nas decisões relacionadas com o mix de produção.

O custo direto é o gasto para fazer o serviço em boas condições. Isso inclui a suposição da manutenção do poder de compra da moeda. A consideração das perdas de correção monetária deverá ser efetuada no cálculo das despesas financeiras no BDI.

É possível elaborar o orçamento a partir de um custo inflacionado, como proposto na técnica orçamentária de Lima Jr. (1995), incluindo as perdas de correção monetária. O resultado final será semelhante ao obtido pela consideração da despesa financeira no BDI, mas esta alternativa traz algumas dificuldades de ordem prática.

A inclusão dos efeitos da inflação geraria custos diretos diferentes para empresas, obras e épocas e para contratações com reajustamento mensal ou anual, o que, ao nosso ver, não é apropriado.

O custo é politicamente correto

A despesa não é tão facilmente comprovável quanto o custo. Enquanto existem dados para comprovar a produtividade média de um pedreiro e o valor do seu salário, ambos itens de custo, não se pode explicar a terceiros, com boa clareza, qual a produtividade de um engenheiro ou de um diretor, itens de despesa, nem por que razões variam tanto suas remunerações no mercado.

Envolvidos com os itens indiretos, estão valores não-tabuláveis, como competência, dedicação, acertos informais e particulares, entre outros. Além disso, existem itens de despesa de explicação muito delicada, tais como: verba para cobertura de falhas previsíveis e pagamento de gratificações.

Devido à facilidade de comprovação matemática e ao fato de ser um serviço visível e mensurável, o custo direto é tido como mais confiável do que a despesa, firmando-se como a grande referência para a composição do preço.

O custo direto envolve risco

Apesar de orçados para boa condição de execução, sendo os riscos calculados posteriormente, o custo direto é orçado ou estimado, fato que por si só, já introduz uma um grau de incerteza, quando comparando com o custo direto das demais indústrias.

3.1.2 Definição de preços de insumos no custo direto

O custo direto é obtido pela soma dos custos de materiais de construção, equipamentos de produção e mão-de-obra de operários necessários para executar a obra. Este custo é obtido por composições de consumo unitário[38] de cada serviço, nas quais os consumos unitários de materiais, equipamentos e mão-de-obra são relacionados e multiplicados pelos preços de orçamento de cada tipo de insumo.

Entende-se por preço de orçamento de um insumo, o preço para fornecimento no local da obra, com todos os tipos de acréscimos comerciais aplicados, que possa ser considerado válido durante todo o período de execução. Alguns gastos de natureza indireta devem ser embutidos nos preços de orçamento dos insumos, e assim transformados pelo orçamentista em custo direto.

Devem estar embutidos nos preços adotados de materiais de construção, os seguintes gastos:

- Todos os impostos incidentes sobre a nota fiscal do fornecedor.
- Todos os gastos de transporte até o canteiro-de-obra.
- Correção monetária, quando não for considerada como despesa financeira nas despesas indiretas.

Devem estar embutidos nos custos de equipamentos de produção, os seguintes gastos:

- Depreciação.
- Juros do capital utilizado na compra ou financiamento.
- Manutenção, seguros e impostos relacionados com a utilização do equipamento.
- Custo dos insumos consumidos durante o uso do equipamento.

Devem estar embutidos nos custos de mão-de-obra dos operários:

- Custos do atendimento aos benefícios previstos na Consolidação das Leis do Trabalho (CLT).
- Custos do atendimento aos benefícios previstos nos acordos salariais e dissídios coletivos das categorias profissionais.
- Custos dos benefícios concedidos pelo empregador por exigências de mercado ou livre arbítrio, visando a obter maior produção.

---

[38] O custo direto trabalha sempre com o consumo de insumos em condições favoráveis ou normais de trabalho. Avaliações de risco geradas por consumo desfavorável devem ser efetuadas no orçamento das despesas indiretas.

A inclusão destes gastos sobre o preço dos insumos é imposta pelo processo de elaboração do orçamento. É preciso atribuir um valor total para os insumos que serão processados nas composições de preços unitários e resultarão na lista de materiais, equipamentos e na folha de pagamento. Trabalhar com preços parciais, separando estes gastos indiretos seria um fator de complicação para o cálculo.

3.1.3 Custo direto e terceirização

O custo de serviços terceirizados, com todas as suas despesas indiretas, independentemente de quantos forem os níveis de terceirização, deve ser todo classificado como custo direto pela empresa contratante.

O custo total da mão-de-obra de um pedreiro é custo direto para o subempreiteiro. Quando o engenheiro contrata mão-de-obra com o subempreiteiro, o que ele paga para o subempreiteiro é custo direto. Quando um construtor contrata a mão-de-obra da empresa fornecedora de mão-de-obra do engenheiro, o que ele paga é custo direto do construtor.

Os custos acumulados continuam se referindo aos itens de serviço especificados nos projetos e às quantidades estimadas.

3.1.4 Conclusão acerca da nomenclatura do orçamentista

Por que utilizar a nomenclatura de custo direto?
a) Como o custo direto envolve a idéia de esforço relacionado à produção de uma coisa bastante específica, trata-se de um custo e não de uma despesa.
b) Como o custo direto e a despesa são bastante variáveis na área de orçamento de obras, ao invés de chamar apenas o custo direto de "custo variável", é melhor chamar de custo direto, por estar diretamente relacionado com o projeto.
c) Como todo custo é estimado e previsível, não há como chamar apenas o custo da produção de custo previsível, melhor chamar de custo direto.

Por que utilizar a nomenclatura de despesa indireta?
a) Na construção civil, os gastos indiretos não guardam um forte vínculo com a produção, não devendo, portanto, ser chamados de custos indiretos, como na indústria de produção seriada.

b) A grande variação nos orçamentos de despesa (tanto em termos de total quanto de cronograma) dificulta a denominação das contas gerais da administração de custo fixo, ou mesmo de despesas fixas, ficando melhor a designação mais genérica de despesa indireta.

c) Na apresentação da proposta de construção civil, parte das despesas empresariais pode acabar sendo relacionada com outras despesas empresariais, fato impensável para o conceito de custo indireto da indústria convencional.

3.1.5 Análise quantitativa do custo

Ao longo do livro, vários cálculos de preços e taxas de BDI serão efetuados para facilitar a aplicação dos métodos pelo leitor.

Sobre todos os conceitos serão desenvolvidas análises quantitativas que irão gerar números absolutos e taxas diversas. Algumas taxas são contas vinculadas ao preço, outras são indicadores sobre a qualidade do orçamento fazendo parte da composição do preço. Estas análises numéricas trarão exemplos da área de edificações, área relacionada com a experiência do autor mas os conceitos apresentados são válidos para qualquer tipo de obra de construção civil.

Os dados apresentados foram preparados para fins didáticos. Apesar do esforço do autor em trazer dados compatíveis para a maioria dos leitores, é necessário que sejam conferidos antes de se efetuar alguma proposta comercial real.

São definidas oito obras de referência, cujas áreas construídas e prazos de execução adotados estão expressos na Tabela 3.1.

Código	Obras de referência	Área Construída (m²)	Prazo (meses)
Obra 1	Residência de padrão de acabamento baixo	47,5 m²	2
Obra 2	Residência de padrão médio de acabamento	150,0 m²	4
Obra 3	Residência de padrão de acabamento médio/alto	300,0 m²	8
Obra 4	Residência de padrão de acabamento alto	450,0 m²	14
Obra 5	Prédio residencial – acabamento baixo	900,0 m²	8
Obra 6	Prédio residencial – de acabamento médio	1.800,0 m²	11
Obra 7	Prédio residencial – acabamento médio/alto	5.400 m²	18
Obra 8	Prédio residencial – acabamento alto	10.800,0 m²	30

Tabela 3.1 Descrição das obras de referência.

Leitores que trabalham com outros tipos de obras podem identificar, dentre elas, aquelas que são construídas nos mesmos prazos das obras de referência e personalizar os demais dados em seu estudo.

O custo direto considerado para as obras de referência está informado na Tabela 3.2.

Tabela de referência para custo direto de obras

Obras	Materiais e equipamentos ($)	Mão-de-obra de equipe própria ($)	Custo direto total ($)
Obra 1	1.357,55	1.434,98	2.792,53
Obra 2	6.765,00	4.443,00	11.208,00
Obra 3	21.516,00	9.693,00	31.209,00
Obra 4	48.816,00	15.696,00	64.512,00
Obra 5	37.404,00	25.065,00	62.469,00
Obra 6	84.528,00	53.514,00	138.042,00
Obra 7	373.464,00	136.944,00	510.408,00
Obra 8	925.560,00	245.808,00	1.171.368,00

Tabela 3.2 Custos diretos das obras de referência.

Os *custos diretos* foram estimados em abril de 2005 para a cidade de Curitiba-PR e expressos em CUB-PR x 10^{-2}.

Os custos de mão-de-obra própria foram calculados com 140% de taxa de encargos sociais e não incluem o fornecimento de equipamentos, que estão orçados em conjunto com os materiais. Aos que trabalham com outros tipos de obras, sugere-se identificar, entre elas, aquelas que têm custos diretos próximos aos já definidos e ajustar os demais dados em seu estudo.

O nível de custo direto depende de muitos fatores, entre os quais, o planejamento da obra, a técnica gerencial, o nível de produtividade da mão-de-obra, o nível de desperdício de materiais de construção, o desempenho do setor de compras do construtor. Seu detalhamento não faz parte desta proposta, mas precisa ser definido para o desenvolvimento dos cálculos.

3.2 DESPESAS ADMINISTRATIVAS

São as despesas indiretas geradas pela montagem e manutenção da estrutura administrativa que dará apoio de caráter técnico e gerencial à execução das obras do construtor, visando a garantir a obtenção do custo direto estimado.

São despesas fixas em função do tempo, representadas por instalações, equipamentos administrativos, mão-de-obra indireta, demais consumos administrativos e serviços terceirizados.

O levantamento destas despesas é efetuado por meio de um orçamento administrativo, que resulta em um valor absoluto, no qual se discriminam os itens da estrutura gerencial que foi dimensionada para planejar, programar, controlar e dar atendimento a clientes, funcionários, operários, fornecedores, concessionárias de serviços públicos, à vizinhança e até à sociedade em geral.

3.2.1 Administração local

As despesas indiretas da *administração local* são aquelas relacionadas com a direção e fiscalização técnica da produção no canteiro-de-obra[39].

São despesas mensais orçadas para cada tipo de construção e para cada prazo de execução.

Quando alguma despesa administrativa pode ser identificada como sendo de uma obra específica, deve fazer parte do orçamento da administração local.

Terceirização da estrutura local

A estrutura da administração local pode ser transferida total[40] ou parcialmente para um subempreiteiro de mão-de-obra.

No caso de terceirização da mão-de-obra, devem estar definidas as atividades administrativas que estarão a cargo do subempreiteiro e as que permanecerão sob a responsabilidade do construtor. O orçamento da administração local será subdividido e incluído adequadamente no preço de cada empresa.

Compartilhamento de recursos das estruturas locais

Gerentes de contrato, coordenadores de obras, engenheiros, veículos, caminhões e outros itens podem atuar simultaneamente em mais de uma obra. Nestes casos, os itens de despesa devem ter sua quantidade rateada proporcionalmente entre as obras de que participam.

---

[39] Classificação utilizada no Tcpo 2003.
[40] Somente em obras muito pequenas.

Compartilhamento de recursos das estruturas local e central

Recursos podem ser utilizados parte do tempo em uma obra específica e parte do tempo trabalhando para todo o conjunto de obras.

Um engenheiro, por exemplo, poderá trabalhar como engenheiro de planejamento meio período na sede da empresa e meio período acompanhando a execução de duas obras.

Neste caso tem-se o consumo de 1/2 engenheiro no escritório central, ¼ de engenheiro na Obra 1 e ¼ de engenheiro na Obra 2, supondo que as obras sejam iguais.

Em empresas com obras muito pequenas, pode ser interessante repassar despesas de administração local para o subempreiteiro ou para o escritório central.

Lista de referência dos itens de administração local

Para facilitar a classificação dos itens que devem compor o orçamento da administração local, apresentamos a relação de alguns de seus componentes.

Instalação do canteiro

- Mobilização inicial (em obras de edificações de pequeno e médio porte)
- Mobilização de mão-de-obra (idem), mobilização de equipamentos (idem)
- Acessos ao local da obra
- Tapume, ligações provisórias de luz/água/esgoto/telefone
- Construções provisórias, aluguel de casas
- Bandeja de proteção, extintores de incêndio
- Passarelas, sinalização interna, manutenção das instalações do canteiro

Equipamentos administrativos no canteiro

- Picapes 500 kg, Picapes 1000 kg, caminhão
- Mobiliário (estantes, mesas, cadeiras)
- Microcomputador com impressora
- Máquina de calcular, máquina de escrever
- Relógio de ponto, ar condicionado, cofre, geladeira
- Ventilador, televisão
- Telefone fixo, telefone celular, rádio

Mão-de-obra indireta

- Almoxarife, apontador (escritório, de campo)
- Auxiliares administrativos
- Chefes de escritório e de turma
- Comprador
- Copeira, cozinheira
- Eletricista
- Encarregados de produção
- Enfermeiro
- Engenheiro civil, engenheiro de produção
- Engenheiro de segurança do trabalho
- Engenheiro mecânico
- Estagiário, ferramenteiro
- Gerentes e supervisores
- Laboratorista, médico
- Mestre geral, motorista, segurança
- Soldador
- Técnico de edificações, técnico de segurança do trabalho
- Vigia – segurança patrimonial

Apoio à mão-de-obra direta e indireta

- Medicina e segurança do trabalho
- Alimentação de funcionários
- Transporte de diretores e coordenadores
- Transporte do pessoal administrativo
- Transporte de funcionários dentro do canteiro

Consumo administrativo

- Consumo de telefone
- Consumo de água
- Consumo de energia, de gás
- Material de escritório, material de limpeza
- Correio (cartas e malote)
- Acesso à Internet

Controle tecnológico

- Controle tecnológico de concretos e argamassas
- Controle tecnológico de pavimentação
- Controle tecnológico de terraplenagem
- Serviços de topografia
- Laboratório e controle de qualidade

Despesas mensais de administração local
Sugestão de valores para os itens mais comuns

Descrição DI	Un.	Mínimo ($)	Médio ($)	Máximo ($)
Instalações				
Locação imóvel/*container*	mês	Variável	Variável	Variável
Construções provisórias	mês	Variável	Variável	Variável
Telef. fixo (assinatura/locação)	mês	3,72	3,72	3,72
Acesso internet	mês	2,48	2,48	2,48
Equipam. administrativos				
Computador (loc./deprec.)	mês	8,67	12,39	16,11
Tel. celular (assinat/deprec.)	mês	3,10	3,10	3,10
Equip. escritório (loc./deprec.)	mês	18,59	37,17	61,96
Fax (depreciação)	mês	1,49	1,49	1,49
Camioneta 0,5 ton.	mês	99,13	117,72	117,72
Camioneta 1,0 ton.	mês	167,29	210,66	247,83
Caminhão carroceria	mês	185,87	240,00	300,00
Pessoal administrativo				
Coordenador de obras	mês	309,79	433,71	619,58
Gerente de obra	mês	185,87	309,79	400,00
Mestre geral	mês	105,33	150,00	180,00
Técnico segur./edific./topog.	mês	91,08	128,87	184,14
Encarregado de serviços gerais	mês	86,74	111,52	161,09
Encarregado administrativo	mês	68,15	74,35	99,13
Contramestre	mês	61,96	80,55	96,65
Vigia de obras	mês	56,75	62,45	73,36
Auxiliar administrativo	mês	55,76	68,15	86,74
Almoxarife de obra	mês	48,33	52,04	61,96
Apontador	mês	48,33	52,04	61,96
Auxiliar de enfermagem	mês	48,33	52,04	61,96
Servente administrativo	mês	43,37	43,37	47,09
Vigia – bônus servente	mês	14,87	19,83	29,74
Encarregado – bônus pedreiro	mês	12,39	18,59	24,78

Componentes básicos do preço 49

Consumos administrativos				
Vale transporte pessoal adm.	mês	29,74	49,57	99,13
Alimentação pessoal adm.	mês	28,50	44,61	89,22
EPI pessoal adm.	mês	3,72	6,2	12,39
Assistência médica	mês	6,20	18,59	37,17
Material de escritório	mês	6,20	12,39	37,17
Cópias heliog./xerox	mês	4,96	9,91	18,59
Malote	mês	9,91	12,29	14,87
Material copa e limpeza	mês	3,72	6,20	8,67
Conta de luz	mês	14,87	24,78	37,17
Conta de água	mês	4,96	11,15	18,59
Conta de telefone	mês	10,00	20,00	40,00
Carretos (unidade)	mês	9,91	12,39	14,87
Outras despesas	mês	12,39	24,78	37,17
Acrescentar 76% de encargos sobre os salários.				

Tabela 3.3 Itens de despesa da administração local.

Administração local para as oito obras de referência

Perfil da estrutura da administração local	Despesa mensal ($/mês)	Despesa total ($)	A_L
Obra 1 – Residência 47,50 m² Gratificação para operários exercerem funções de encarregado e vigia, telefone, tudo rateado em lote de 3 casinhas.	30,98	61,96	2,22%
Obra 2 – Residência 150,00 m² Gratificação para operários exercerem funções de encarregado e vigia, telefone.	91,13	364,52	3,25%
Obra 3 – Residência 300,00 m² Mestre-de-obras, gratificação para servente exercer a função de vigia, telefone.	525,84	4.206,72	13,48%
Obra 4 – Residência 450,00 m² Mestre-de-obras, gratificação para servente exercer a função de vigia, telefone, computador, escritório equipado, maior consumo de água, luz e telefone.	628,24	8.795,36	13,63%
Obra 5 – Prédio 900,00 m² Engenheiro acompanhando 3 obras simultâneas, com veículo e celular, mestre-de-obras, almoxarife e consumos.	683,06	5.464,48	8,75%
Obra 6 – Prédio 1.800,00 m² Engenheiro acompanhando 3 obras simultâneas, com veículo e celular, mestre-de-obras, almoxarife e consumos.	985,09	10.835,99	7,85%

Obra 7 – Prédio 5.400,00 m² Engenheiro residente com veículo e celular, almoxarife, apontador e servente administrativo.	1.597,04	28.746,72	5,63%
Obra 8 – Prédio 10.800,00 m² Engenheiro residente com veículo e celular, almoxarife, apontador e servente administrativo, com maiores salários.	2.024,73	60.741,90	5,19%

Tabela 3.4 Despesa mensal na administração local das obras de referência.

Para ilustração, foram elaborados orçamentos mensais e anuais da administração local das oito obras apresentadas na Tabela 3.1, executadas nos prazos definidos na Tabela 3.2.

A Tabela 3.4 apresenta também o indicador A_L, a relação entre a despesa da administração local e o custo direto, a ser definido no texto. Este indicador ajuda na avaliação do dimensionamento da equipe indireta local.

O orçamentista do construtor deverá elaborar o orçamento da equipe que será utilizada em cada obra na composição do seu preço. O orçamentista do contratante poderá tomar como base os dados sugeridos para o indicador A_L na Tabela 3.5, que apresenta dados médios de mercado.

Adm. local	Taxa mínima	Taxa muito baixa	Taxa baixa	Taxa média	Taxa interm.	Taxa alta	Taxa máxima
Residências	2%	3,5%	5%	12%	13%	14%	15%
Edifícios	5%	6%	7%	8%	10%	12%	15%

Tabela 3.5 Faixas para a taxa A_L de administração local.

A variação na taxa para as residências deve-se principalmente ao fato de se considerar ou não um mestre-de-obras no canteiro. A variação na taxa para os edifícios deve-se ao porte das obras. Quanto maior o prédio menor tende a ser a taxa de administração local.

3.2.2 Administração central

São as despesas indiretas geradas na sede da empresa[41] relacionadas com a montagem e a manutenção da estrutura administrativa central, que fornece suporte gerencial e técnico a todas as obras[42].

---

[41] E, se for o caso, filiais.
[42] Classificação utilizada no Tcpo 2003.

Estas despesas também podem ser chamadas de contas gerais da administração, para apoio do portfólio das obras em andamento, na nomenclatura de Lima Jr. (1995).

Deve ser preparado um orçamento administrativo, sugerindo-se a periodicidade anual, que resultará no valor absoluto da despesa de *administração central*.

O investimento em instalações, móveis e equipamentos do escritório central deve ser depreciado mensalmente e considerado neste orçamento. Locações de imóveis e equipamentos de propriedade dos diretores da empresa construtora também devem ser considerados.

Como a despesa indireta do escritório central se refere a um conjunto de obras, deve ser orçada e, posteriormente, rateada entre todas as obras do construtor.

A forma de rateio consiste em diluir as despesas indiretas da *administração central* pelo custo direto de todas as obras que a empresa planeja executar em um período predefinido.

O rateio é feito considerando-se o período de um ano, da seguinte forma:

- Elabora-se o orçamento da despesa anual da sede.
- Estima-se o custo direto que a empresa terá para executar todas as obras previstas para os próximos 12 meses.
- Calcula-se a proporção entre a despesa central e o custo direto anual, o indicador A_C.
- Aplica-se um coeficiente de acréscimo sobre o custo direto de cada obra a ser orçada, com o valor de A_C.

Se a estimativa da produção mensal futura for considerada complicada para alguns, principalmente pela necessidade de antever a contratação de obras ainda não confirmadas, existe a alternativa de recorrer à contabilidade do construtor nos últimos 12 meses.

Define-se assim que a taxa de rateio para o pagamento das despesas administrativas centrais são idênticas para todas as obras, o que facilita os trabalhos de orçamento, da contabilidade gerencial e da avaliação do desempenho de cada contrato.

Lima Jr. (1995) sugere que as contas gerais da administração sejam sustentadas por margens de contribuição particulares de cada um dos contratos, em função dos seus cronogramas e da capacidade de pagamento de cada um deles. Assim, o preço de um novo contrato levaria em consideração sua capacidade de contribuição, as novas despesas por ele demandadas e o contexto das contribuições já existentes.

Este procedimento é uma alternativa aplicável para orçamentos, em empresas que trabalham com um bom nível de planejamento. Apenas ficaria estranho avaliar posteriormente a lucratividade de cada um dos contratos, pois suportaram um ônus de caráter administrativo diferenciado. Uma obra muito lucrativa poderia arcar com toda a despesa administrativa e ficar sem lucro, enquanto um conjunto de obras de preço insuficiente seriam consideradas lucrativas porque não contribuíram com a administração central.

Nos dois casos de rateio das despesas centrais, existe um risco evidente, no caso de os cronogramas das obras atrasarem e no caso de erro da previsão acerca do início de novas obras. Fazer que uma única obra contribua para a administração central pode onerar excessivamente o preço e impedir a contratação de outras. É interessante estudar o ponto de equilíbrio empresarial, assunto tratado no Capítulo 7.

Lista de referência dos itens da administração central

Para facilitar a classificação dos itens que devem compor o orçamento da administração central, apresentamos a relação de alguns de seus componentes.

Instalações

- Imóvel sede, imóvel filial, imóvel depósito
- Mobiliário
- Manutenção de imóveis

Equipamentos

- Mobiliário (estantes, mesas, cadeiras)
- Microcomputador com impressora
- Máquina de calcular, máquina de escrever
- Relógio de ponto, ar condicionado

- Cofre, geladeira, ventilador, fogão, cafeteira
- Televisão, telefone fixo, telefone celular
- Veículos
- Rádio

Mão-de-obra indireta

- Auxiliar administrativo, auxiliar de almoxarife, auxiliar de comprador
- Chefe de escritório
- Comprador
- Copeira, cozinheira
- Diretor
- Enfermeiro, encarregado de armador, encarregado de carpintaria
- Engenheiro de planejamento, engenheiro de produção
- Engenheiro de segurança do trabalho
- Engenheiro gerente, engenheiro supervisor
- Estagiário, gerente administrativo-financeiro
- Gerente de pessoal, gerente financeiro, gerente técnico
- Motorista, *office-boy*
- Orçamentista, recepcionista, secretária
- Segurança, servente auxiliar de limpeza
- Técnico de segurança do trabalho
- Técnico em edificações
- Vigia, zelador

Apoio à mão-de-obra indireta

Transporte de funcionários

- Ônibus e vale transporte
- Transporte da diretoria
- Transporte do pessoal administrativo
- Transporte de diretores e coordenadores

Alimentação de funcionários

- Alimentação funcionários

Segurança

- Medicina e segurança do trabalho

Capacitação profissional

- Cursos de treinamento
- Livros e programas de computador
- Exames admissionais e demissionais

Consumo administrativo

- Consumo de telefone, água, energia, gás
- Consumos de material do escritório
- Material de limpeza
- Medicamentos
- Suprimentos de computador
- Material de escritório
- Correio (cartas e malote)
- Seguro roubo/incêndio da sede
- Internet
- Cópias
- Taxas do Crea e sindicatos

Serviços terceirizados

- Serviços contábeis
- Assessoria jurídica
- Vigilância

Despesas mensais de administração central
Sugestão de valores para os itens mais comuns

Descrição	Un.	Mínimo ($)	Médio ($)	Máximo ($)
Instalações				
Escritório – Locação/Cond./IPTU	mês	49,57	111,52	185,87
Depósito – Locação/Cond./IPTU	mês	43,37	74,35	123,92
Mobiliário/decoração (depreciação)	mês	24,78	43,37	61,96
Manutenção escritório	mês	8,67	12,39	18,59
Acesso à internet banda larga	mês	9,91	14,87	19,83
Telefone fixo (assinat./locação)	mês	4,96	4,96	4,96
Equipamentos administrativos				
Automóvel (deprec./manut.)	mês	136,31	161,09	179,68
Máq. xerox (dep./loc.)	mês	30,0	35,00	40,00
Computador (loc./deprec.)	mês	8,67	12,39	16,11
Tel. celular (assinat./deprec.)	mês	3,10	3,10	3,10
Pessoal administrativo				
Diretor	mês	210,66	557,62	867,41
Gerente técnico/adm./financeiro	mês	192,07	293,80	475,84
Técnico de planejamento	mês	91,08	128,87	184,14
Comprador	mês	130,61	185,87	247,83
Encarregado administrativo	mês	105,33	173,48	210,66
Auxiliar administrativo	mês	55,76	68,15	86,74
Almoxarife	mês	48,33	52,04	61,96
Secretária	mês	75,71	148,57	216,48
Recepcionista	mês	43,37	43,37	61,96
Telefonista	mês	43,37	43,37	61,96
Vigia	mês	56,75	62,45	73,36
Motorista	mês	55,75	68,15	86,74
Copeira/zelador	mês	30,98	30,98	30,98
Office-boy	mês	30,98	37,17	43,37
Serviços terceirizados				
Assessoria contábil	mês	59,48	89,22	123,92
Assessoria de informática	mês	59,48	89,22	123,92
Assessoria jurídica	mês	24,78	49,57	86,74
Consumos administrativos				
Alimentação pessoal administrativo	mês	43,37	105,33	210,66
V. transp. pessoal administrativo	mês	19,83	49,57	99,13
Desenvolvimento profissional	mês	18,59	37,17	55,76
Material de escritório	mês	49,57	74,35	123,92
Cópias heliog./xerox	mês	12,39	18,59	24,78
Material copa e limpeza	mês	6,20	12,39	18,59

Seguros	mês	24,78	49,57	74,35
Despesas bancárias	mês	24,78	37,17	49,57
Tx. sindicatos/Crea/afins	mês	18,59	24,78	30,98
Contas de luz/água/telefone	mês	40,00	73,00	140,00
Verba para viagens	mês	37,17	61,96	86,74
Outras despesas	mês	18,59	43,37	61,96
Acrescentar 76% de encargos sobre os salários do pessoal.				

Tabela 3.6 Itens de despesa da administração central.

Orçamento da administração central para oito portes de empresas construtoras

Perfil da estrutura da administração central	Despesa mensal ($/mês)	Despesa anual ($/ano)	Relação despesa/custo anual
Construtora 1 3 Casas de 47,50 m² a cada 2 meses	685,94	8.231,28	16,38%
Construtora 2 3 Casas de 150,00 m² a cada 4 meses	1.273,75	15.285,00	15,15%
Construtora 3 3 Casas de 300,00 m² a cada 8 meses	1.878,65	22.543,80	16,05%
Construtora 4 3 Casas de 450,00 m² a cada 14 meses	2.091,29	25.095,48	15,12%
Construtora 5 3 Prédios residenciais de 900,00 m² a cada 8 meses	3.251,48	39.017,76	13,88%
Construtora 6 3 Prédios residenciais de 1.800,00 m² a cada 11 meses	4.510,69	54.128,28	11,98%
Construtora 7 3 Prédios residenciais de 5.400,00 m² a cada 18 meses	7.477,09	89.725,08	8,79%
Construtora 8 3 Prédios residenciais de 10.800,00 m² a cada 30 meses	7.561,11	90.733,32	6,45%

Tabela 3.7 Despesa mensal e anual dos construtores de referência.

Para ilustração, foram elaborados orçamentos das administrações centrais de oito empresas construtoras de edificações, que executam simultânea e consecutivamente três obras iguais, as obras de 1 a 8 apresentadas na Tabela 3.1, executadas, respectivamente, em 2, 4, 8, 14, 8, 11, 18 e 30 meses.

A relação despesa/custo é a relação entre a despesa anual da administração central e o custo direto anual, o indicador A_C.

O orçamentista da construtora deverá pesquisar a despesa mensal da sede de sua empresa e sua expectativa de produção anual para a composição do seu preço. Já o orçamentista da empresa contratante poderá tomar como base os dados da Tabela 3.8, que apresenta dados médios de A_C no mercado.

Adm. central	Taxa mínima	Taxa baixa	Taxa muito baixa	Taxa média	Taxa interm.	Taxa alta	Taxa máxima
Residências	7%	8,5%	9,5%	11%	12,5%	14%	16%
Edifícios	5%	6,5%	8%	10%	12%	13,5%	15%

Tabela 3.8 Faixas das taxas A_c de administração central.

A variação nas taxas A_C é função do porte da empresa. A taxa A_C de empresas que constroem edifícios é menor devido ao maior porte de suas obras.

3.3 DESPESAS TRIBUTÁRIAS

Tributo é todo pagamento previsto em lei que não represente uma punição por ato ilícito. Despesas tributárias podem ser definidas como os pagamentos obrigatórios das pessoas físicas e jurídicas que cumprem a lei.

São diversas taxas e impostos cobrados pela União, Estados e Municípios.

Para cálculo da taxa de BDI, é necessário conhecer quais são os principais impostos e taxas aplicáveis ao setor da construção civil e também dispor de uma metodologia para considerá-los no preço[43], repassando-os aos clientes.

Sabendo que o preço da construção subdivide-se em custo direto, despesas indiretas e benefícios, e que o custo direto não faz parte da taxa de BDI, vamos discriminar inicialmente os impostos que devem ser tratados como custo direto.

---

[43] A carga tributária no Brasil tem variado muito. É interessante consultar um contador para conferir a validade das taxas apresentadas no texto.

3.3.1 Impostos tratados como custo direto

São três categorias, a saber:
a) Aqueles que são incluídos nas notas fiscais de fornecedores de materiais de construção e serviços:
- IPI – Imposto sobre Produtos Industrializados
- ICMS – Imposto sobre Circulação de Mercadorias e Serviços
- II – Imposto de Importação
- PIS – Programa de Integração Social (do fornecedor)
- Cofins – Contribuição para o Financiamento da Seguridade Social

b) Aqueles que podem ser cobrados explicitamente na planilha orçamentária da obra, entre os quais as taxas de licença de construção, auto de conclusão e afins.

c) Aqueles que incidem sobre a remuneração de operários e de contribuintes autônomos:
- INSS – Instituto Nacional de Seguridade Social
- FGTS – Fundo de Garantia por Tempo de Serviço
- Sesc, Sesi, Senac, Sebrae, Senai

3.3.2 Impostos tratados como despesa administrativa

a) Aqueles que incidem sobre as retiradas pró-labore, que são orçados na despesa administrativa central:
- Até 27,5% de IR – imposto de renda na fonte
- 20% de INSS – GPS Guia da Previdência Social

b) Aqueles que incidem sobre imóveis e veículos, orçados nas despesas administrativas local e central:
- IPTU – Imposto Predial e Territorial Urbano
- IPVA – Imposto sobre a Propriedade de Veículos Automotores

3.3.3 Impostos tratados como despesa tributária

a) Aqueles que incidem diretamente sobre a receita e sobre a movimentação bancária.
Impostos federais
- Cofins – Contribuição para Financiamento da Seguridade Social
- PIS – Programa de Integração Social
- CPMF – Contribuição Provisória sobre Movimentação Financeira

Imposto municipal
- ISS – Imposto sobre Serviços

b) Aqueles que incidem sobre o lucro da empresa construtora[44]:
- IRPJ – imposto de renda da Pessoa Jurídica
- CSLL – contribuição social sobre o lucro líquido

3.3.4 Parâmetros importantes na despesa tributária

A carga tributária das empresas de construção depende de três fatores principais:

a) se a empresa fornece apenas serviços[45], ou se a empresa presta serviço global, fornecendo materiais e mão-de-obra.

b) se a empresa paga o imposto sobre a renda com base na apuração do *lucro real* ou no *lucro presumido*.

c) se a empresa trabalha com mão-de-obra própria ou com mão-de-obra terceirizada.

Lucro presumido

As empresas construtoras e as empresas prestadoras de serviços de mão-de-obra podem optar pelo pagamento do imposto de renda e da CSLL com base no lucro presumido pelo governo, na forma de um percentual sobre a receita. Assim, pode-se tributar a empresa com base apenas na receita, sem a necessidade da apuração do lucro real, que exige uma quantidade de cálculos maior.

Caso a empresa avalie que trabalhará com uma faixa de lucratividade superior à estimada pelo governo, deve optar, se puder[46], pelo sistema do lucro presumido. Caso a empresa avalie que vai trabalhar com baixa lucratividade, deve optar pelo sistema de apuração do lucro real. Assim, se o lucro real for nulo ou se houver prejuízo, IR e CSLL não serão devidos.

Em 2005, as bases de cálculo e alíquotas para o a prestação de serviço global, no sistema de lucro presumido, são as apresentadas na Tabela 3.9.

---

[44] Quando se raciocina com o lucro bruto, estes impostos não devem ser explicitados na análise orçamentária, pois estão incorporados no lucro bruto.

[45] Inclui a subempreitada e a prestação de serviços especializados.

[46] A legislação muda continuamente.

Imposto	Receita R	Base (sobre R)	Alíquota (sobre base)	Incidência (sobre receita)
Cofins	100%	100%	3%	3%
PIS	100%	100%	0,65%	0,65%
CPMF	100%	100%	0,38%	0,38%
Imp. Renda	100%	8%	15%	1,20%
CSLL	100%	12%	9%	1,08%
ISS	100%	X	1,5% a 5%	Y

Tabela 3.9 Lucro presumido – prestação de serviço global.

Os valores de X e Y dependem da porcentagem do custo de materiais de construção existente no preço. Dependem também da terceirização de mão-de-obra e da taxa de BDI.

Ilustração dos cálculos de X e Y

Para equipe de mão-de-obra própria, a participação do custo da mão-de-obra no custo direto total conhecida e para uma taxa de BDI arbitrada em 40%.

Da Tabela 3.2, para a Obra 6, tem-se que o custo direto é de $138.042,00, sendo $53.514,00 de mão-de-obra própria. Logo, o custo dos materiais de construção é a diferença, ou seja $84.528,00.

Composição do preço

Material de construção	$84.528,00	(61,23%)	*supõe-se dispor de todas as NF*
Mão-de-obra	$53.514,00	(38,77%)	
Custo	$138.042,00	(100%)	
Lucro e indiretos	$55.216,80	(40%)	
Preço	$193.258,80	(140%)	

Base de cálculo do ISS   193.258,80 – 84.528,00 = 108.730,80
X = 108.730,80/193.258,80 = 56,26%
X = 56,26%

Alíquota de ISS   5% *(válida, por exemplo, na cidade de Curitiba-PR)*

Incidência: Y = 56,26% x 5% = 2,81%
Y = 2,81%

Para a prestação de serviços de mão-de-obra, o lucro presumido para cálculo do imposto de renda se altera, assumindo os valores da Tabela 3.10:

Imposto	Receita R	Base (sobre R)	Alíquota (sobre base)	Incidência (sobre receita)
Cofins	100%	100%	3%	3%
PIS	100%	100%	0,65%	0,65%
CPMF	100%	100%	0,38%	0,38%
Imp. Renda	100%	32%	15%	4,80%
CSLL	100%	32%	9%	2,88%
ISS	100%	100%	1,5% a 5%	1,5% a 5%

Tabela 3.10 Lucro presumido – prestação de serviços.

Caso sejam contratados subempreiteiros de mão-de-obra e haja ISS recolhido por terceiros, estas notas fiscais podem também ser abatidas[47] para cálculo da base do ISS, do mesmo modo efetuado para os materiais de construção.

Lucro real

Todas as empresas podem fazer uma contabilidade detalhada de suas receitas e despesas, anexar todos os comprovantes e apurar seu lucro real, base para o pagamento do imposto de renda (IR) e da contribuição social sobre o lucro líquido (CSLL).

O lucro real anual permite combinar, no decorrer do ano, o pagamento do imposto pelo lucro real e pelo lucro presumido. Este sistema misto chama-se lucro real por estimativa. A empresa paga o IR calculado em um percentual da receita bruta – método do lucro presumido – e mensalmente compara o que foi pago com o que é efetivamente devido de imposto.

A partir de 2004, o Cofins e o PIS tiveram suas alíquotas majoradas, mas passaram a ser não cumulativos, isto é, a empresa pode deduzir os impostos pagos por seus fornecedores. Isso faz que um construtor que contrate empresa de mão-de-obra que recolha o PIS, possa se creditar deste valor, reduzindo seu pagamento efetivo. Os gastos com mão-de-obra própria não são considerados nas deduções.

Além destes fatores, o valor da taxa de BDI também influencia a carga tributária, pois as despesas indiretas não compensam os impostos e quanto maior elas forem, mais imposto se paga. Assim, o percentual de incidência, no caso de lucro real, é variável, e adotamos os valores da tabela a seguir:

---

[47] É conveniente atualizar as exigências da legislação tributária com um contador.

Imposto	Receita R	Base (sobre R)	Alíquota (sobre base)	Incidência (sobre receita)
Cofins	100%	X%	7,60%	A%
PIS	100%	X%	1,65%	B%
CPMF	100%	100%	0,38%	0,38%
Imp. Renda	100%	Y%	15%	C%
CSLL	100%	Y%	9%	D%
ISS	100%	Z%	1,5% a 5%	E%

Tabela 3.11 Lucro real – prestação de serviço global.

Cálculo de Y, C e D

Na Tabela 3.2, há para a Obra 6 o custo direto de $138.042,00.

Considerando que exista uma expectativa de obtenção de lucro bruto de 10% deste custo, e que ela se confirme através de análise contábil no final da obra, será obtido um lucro bruto de $13.803,48[48].

Adotando uma taxa de BDI de 40%, tem-se a receita de $193.258,80.

Expressando a expectativa de lucro bruto como uma proporção da receita, tem-se:

Y = 13.803,48/193.258,80   Y = 7,14%

Considerando-se as alíquotas incidentes sobre o lucro bruto, tem-se as seguintes incidências sobre a receita:

Imposto de renda   C = 7,14% x 15%   C = 1,07%
CSLL   D = 7,14% x 9%   D = 0,64%

Cálculo de X, Z, A, B, e E

Na Tabela 3.2, há o custo direto de $138.042,00, sendo $53.514,00 de mão-de-obra própria. Logo, o custo dos materiais de construção é a diferença, $84.528,00.

---

[48] Os raciocínios para a definição de um valor absoluto da expectativa de lucro, para fins da elaboração do orçamento, são variados. Tem-se como opção tomar como base uma proporção do custo direto.

Composição do Preço

Material de construção	84.528,00	(61,23%) *Supõe-se dispor de todas as NF.*
Mão-de-obra	53.514,00	(38,77%)
Custo	138.042,00	(100%)
Lucro e indiretos	55.216,80	(40%)
Preço	193.258,80	(140%)
Base de cálculo ISS:	193.258,80 − 84.528,00 = 108.730,80	
	X = 108.730,80/193.258,80 = 56,26%	
	X = 56,26%	

Como não estão previstas notas fiscais de mão-de-obra, a base dos impostos não cumulativos Cofins, PIS e ISS será a mesma, ou seja: X = Z

$$Z = 56,26\%[49]$$

Adotando-se a alíquota de ISS da cidade de Curitiba-PR de 5% e as alíquotas de Cofins e PIS, tem-se:

A = 56,26% x 7,60% = 4,28% (Cofins)   A = 4,28%
B = 56,26% x 1,65% = 0,93% (PIS)   B = 0,93%
E = 56,26% x 5% = 2,81% (ISS)   E = 2,81%

Observações:
1. As hipóteses de Lucro Arbitrado e do Simples não foram comentadas por serem de menor importância e pelo fato dos ajustes dos dados apresentados ser imediato para estes casos.
2. O recolhimento na fonte do percentual de 11% sobre as notas fiscais de mão-de-obra teoricamente não constitui imposto, por poder ser compensado. No entanto, no caso de se utilizar mão-de-obra sem registro em carteira[50], o percentual passaria a se tornar um imposto sobre a receita, devendo ser acrescentado aos demais impostos apresentados no texto.
3. Na realidade, a retenção do INSS é maior que o razoável. O construtor não tem toda a folha de pagamento que o governo gostaria que ele tivesse, principalmente em obras com pré-moldados ou com muita utilização de equipamentos. Na prática, parte deste desconto de 11% na fonte se transforma em imposto real que precisa ser considerado no preço.
4. O construtor tem a opção de recolher o Cofins na alíquota fixa de 3%, mesmo no sistema de lucro real.

---

[49] Caso exista nota de subempreiteiros de mão-de-obra, verifique o critério utilizado pela prefeitura do município da obra, se pode ser descontado o ISS pago pelo subempreiteiro no pagamento do ISS do construtor.

[50] Expediente utilizado por alguns subempreiteiros de mão-de-obra para reduzir custos.

3.4 DESPESAS COMERCIAIS

A despesa comercial consiste nos gastos que o construtor faz para se divulgar no mercado e conseguir contratar novas obras.

Sendo o desempenho comercial um fator decisivo no sucesso da empresa construtora, a provisão destes recursos deve ser isolada das despesas de administração central e relacionada com o preço final.

São despesas comerciais:

a) gastos com divulgação;
b) gastos com o preparo de propostas;
c) gastos com representação comercial;
d) seguros especiais ou outras exigências contratuais não classificadas nos demais grupos de despesas indiretas.

Despesas mensais de administração central
Sugestão de valores para os itens mais comuns

Descrição	Un.	Mínimo ($)	Médio ($)	Máximo ($)
Pessoal administrativo				
Gerente comercial	mês	192,07	320,00	475,84
Orçamentista	mês	130,61	185,87	247,83
Assistente comercial	mês	100,00	110,00	200,00
Desenhista	mês	105,33	150,00	210,00
Serviços terceirizados				
Serviços de informação sobre concorrências	mês	30,00	40,00	50,00
Anúncios	un.	25,00	35,00	50,00
Brindes	un.	0,50	0,80	1,00
Locação de veículos	diária	7,00	8,00	9,00
Consumos administrativos				
Compra de editais	un.	50,00	70,00	90,00
Manutenção da documentação cadastral	mês	30,00	40,00	50,00
Refeições com clientes	un.	3,00	4,50	6,00
Hotéis	diária	10,00	13,00	16,00
Alimentação em trânsito	diária	2,00	3,00	4,00
Passagens aéreas	un.	30,00	40,00	50,00
Gasolina	L	0,27	0,27	0,27
Pedágio	un.	0,08	0,10	0,12
Outras despesas	mês	5,00	9,00	12,00
Foram acrescentados 76% de encargos sobre os salários do pessoal administrativo.				

Tabela 3.12 Itens de despesas comerciais.

O procedimento técnico ideal é fazer um orçamento anual para as despesas comerciais e relacioná-lo com a receita da empresa. Desta maneira, todos os contratos fechados se cotizam para pagá-las.

Despesa comercial máxima anual[51]

Descrição DI	Un.	P. Unit. ($/un.)	Quant.	Máximo ($)
Pessoal administrativo				
Gerente comercial	mês	320,00	12	3.840,00
Assistente comercial	mês	110,00	12	1.320,00
Serviços terceirizados				0,00
Serviços de informação sobre concorrências	mês	40,00	12	480,00
Anúncios	un.	35,00	40	1.400,00
Brindes	un.	0,80	1.000	800,00
Locação de veículos	diária	8,00	52	416,00
Consumos administrativos				0,00
Compra de editais	un.	70,00	24	1.680,00
Manutenção da documentação cadastral	mês	40,00	12	480,00
Refeições com clientes	un.	4,50	104	468,00
Hotéis	diária	13,00	52	676,00
Alimentação em trânsito	diária	3,00	52	156,00
Passagens aéreas	un.	30,00	26	780,00
Gasolina	L	0,27	3.400	918,00
Pedágio	vb	44,55	1	44,55
Outras despesas	mês	9,00	12	108,00
			Total	**13.566,55**
		% Receita		**7%**
Foram acrescentados 76% de encargos sobre os salários.				

Quadro 3.3 Despesa comercial para receita anual de $193.807,89.

O orçamentista da construtora deverá pesquisar o investimento anual de sua empresa em divulgação e compará-lo com a receita média anual, conforme ilustrado no Quadro 3.3.

O orçamentista da empresa contratante poderá tomar como base os dados da Tabela 3.13, que apresenta dados médios de mercado, calculado com base em estudo de caso desenvolvido pelo autor.

---

[51] Estimativa de despesa comercial máxima para a construtora 3, com BDI de 38%. Consulte os demais dados da empresa no Capítulo 7, Quadro 7.4.

Despesas comerciais	Taxa mínima	Taxa muito baixa	Taxa baixa	Taxa média	Taxa Interm.	Taxa alta	Taxa máxima
Taxa	0%	0,7%	1,05%	1,4%	2,8%	4,2%	7%

Tabela 3.13 Faixas para as despesas comerciais.

3.5 EXERCÍCIOS PROPOSTOS

1) Marque V para verdadeiro ou F para falso nas frases a seguir.
   ( ) a. Em termos contábeis, todo custo direto pode ser classificado como despesa.
   ( ) b. Na técnica orçamentária, toda despesa pode ser classificada como custo direto.
   ( ) c. O custo direto é o custo variável da contabilidade gerencial.
   ( ) d. Salvo erro ou omissão na proposta comercial, todo custo direto é custo formal.
   ( ) e. Todo custo formal é custo direto.
   ( ) f. Todo custo previsível é custo formal.
   ( ) g. Todo custo formal é custo previsível.
   ( ) h. Ao olhar para um pilar de concreto armado, pode-se facilmente relacionar e orçar as despesas indiretas que foram gastas para tornar possível sua execução.
   ( ) i. Quanto mais luminárias forem instaladas mais lâmpadas terão de ser compradas, logo conclui-se que a lâmpada é uma despesa indireta.
   ( ) j. No levantamento do custo não se deve considerar cenários desfavoráveis, salvo os que tenham elevada probabilidade de ocorrência.
   ( ) k. Ninguém se importa em pagar explicitamente por despesas indiretas. Por esta razão, os restaurantes incluem na nota fiscal uma verba para rateio das despesas com água e luz, e uma taxa para cobrir suas despesas com dedetização.

2) Marque C para custo direto ou D para despesa indireta, nos itens a seguir:
   ( ) a. Encarregado que trabalha junto com sua equipe.
   ( ) b. Encarregado que supervisiona o trabalho de sua equipe.
   ( ) c. Refeições do pessoal administrativo no canteiro.
   ( ) d. Refeições dos operários.
   ( ) e. Mão-de-obra e peças de equipamentos de produção.
   ( ) f. Frete para entrega de materiais de construção.

3) O prazo de execução da obra é muito importante na elaboração do orçamento: (escolha a alternativa correta)

   ( ) a. Das despesas da administração local

   ( ) b. Das despesas tributárias

   ( ) c. Das despesas comerciais

4) A quantidade e o porte das obras em execução em uma empresa construtora são muito importantes:

   ( ) a. No orçamento das despesas financeiras

   ( ) b. No levantamento do custo

   ( ) c. No rateio das despesas da administração central

5) Uma construtora contrata uma obra por empreitada no preço de $130.000,00.

   A composição do seu preço é a seguinte.

Item	Valor	Observação
Material de construção	55.000,00	Possui todas as notas fiscais
Mão-de-obra	45.000,00	Custos totais de sua equipe própria
Custo	100.000,00	Custo total de produção
Lucro e indiretos	30.000,00	
Preço	130.000,00	

   Sabendo que ela recolhe impostos pelo sistema de lucro presumido, calcule:

   a) A carga tributária do contrato em relação ao preço

   b) O total de impostos que deverão ser pagos

   c) A carga tributária em relação ao custo direto (a parte de imposto que está embutida dentro de sua taxa de BDI de 30%).

   A alíquota do ISS na cidade é de 3%.

COMPONENTES COMPLEMENTARES DO PREÇO

Em muitas áreas do conhecimento e do relacionamento humano, existem aspectos nebulosos que, apesar de ignorados, acabam interferindo na vida de muitos. Na sociedade, o terrorismo. Na religião, o diabo. No sexo, a AIDS. Na vida, a morte. No gerenciamento de custos, é o risco. Ninguém gosta de falar muito sobre estes temas, que requerem enfoques subjetivos e até mesmo transcendentes, mas que podem trazer impactos contundentes na vida de qualquer um.

No entanto, existe um forte argumento que nos motiva a estudar estas possibilidades: somente conhecendo bem o inimigo, é possível neutralizá-lo de alguma forma. O pensamento tradicional: "isso só acontece com os outros" não resolve e talvez até aumente a probabilidade de ocorrência.

O contratante e o gestor de projetos são as pessoas mais otimistas que existem, estão dispostas a criar alguma coisa e acreditam no futuro, mas a garantia de bons resultados, segundo a visão internacional, inclui um tratamento especial para enfrentar as dificuldades: o gerenciamento do risco.

O autor também é otimista, a ponto de se sentir à vontade para tratar abertamente de um tema que pode, à primeira vista, parecer desnecessário, mas que constitui o foco da moderna postura gerencial.

Foram classificadas como componentes complementares do preço e da taxa de BDI, as despesas indiretas: despesas financeiras, contingências e os benefícios.

Estes itens envolvem os conceitos de risco, incerteza e lucro.

Serão apresentadas noções de análise financeira e de risco, visando a aproximar o leitor destes temas importantes para a composição de preços da construção civil, ao mesmo tempo em que são fornecidas tabelas práticas para possibilitar a adoção destes conceitos econômicos na elaboração do orçamento.

O objetivo do texto é explicar, de maneira didática, como estes itens complementares interferem no preço e como é importante desenvolver uma abordagem matemática que os leve em consideração.

O desafio é grande: enfrentar o futuro com sucesso. A motivação é forte: garantir o cumprimento do contrato. A aplicação é simples: acompanhar o tratamento matemático desenvolvido no texto para um estudo de caso feito pelo autor.

Com o conhecimento do conteúdo apresentado neste capítulo será possível definir e analisar a segurança do preço e da taxa de BDI.

O enfoque do capítulo é a postura do construtor, praticando o regime contratual de empreitada, no qual se aceita o repasse de quase todos os riscos.

4.1 DESPESAS FINANCEIRAS

Na contratação por *empreitada*, as despesas financeiras podem se constituir no maior fator de *risco* da execução de obras. LIMA Jr. (1995)[52] chama a atenção sobre a questão financeira, discriminando as seguintes dificuldades enfrentadas pelos construtores:

- A diferença entre a taxa de inflação real e o índice de correção monetária do contrato;
- O atraso no recebimento de uma ou mais parcelas;
- A necessidade de contratar empréstimos bancários não planejados, por não dispor de capital de giro suficiente para suportar o saldo de caixa descoberto gerado pela ocorrência dos dois itens anteriores;
- A dilatação ou a distenção do prazo da obra, por retardar o retorno dos investimentos e reduzir a capacidade de oferecer margem de contribuição para as contas gerais da administração, na mesma medida que se previra no planejamento da obra.

---

[52] A questão financeira era mais complexa na fase anterior e nos primeiros meses do plano Real do que é hoje.

Ilustração

A despesa financeira é a despesa com a inflação e os juros reais do financiamento da obra. Para definir melhor este conceito e explicar as conseqüências geradas pelas dificuldades mencionadas, é apresentada uma ilustração a respeito do financiamento da execução de um prédio residencial com 1.800 m^2 de área construída e padrão de acabamento médio. É a Obra 6 da Tabela 3.1 do Capítulo 3, a ser executada em 11 meses com custo direto igual a $138.042,00, retirado da Tabela 3.2.

O preço deste contrato foi composto em $193.258,80, resultando em uma taxa de BDI de 40%, tendo sido considerados 5% de margem de lucro sobre o preço[53], ou seja, $9.662,94. O custo total do contrato (preço menos lucro) é de $183.595,86 e os cronogramas de receita e despesa são os apresentados.

Foi efetuada a simulação do fluxo de caixa[54] no Quadro 4.1, admitindo-se uma periodicidade mensal e a manutenção do poder de compra da moeda na época do orçamento, chamada de mês 0 (zero). A remuneração do capital é de 0,5% ao mês de juro real, referente ao ganho de aplicações bancárias com CDB prefixado e o desembolso de 50% à vista e 50% no mês seguinte.

Mês	Saldo inicial (1)	Receita R	Despesa D	Saldo (1) +R − D	DF	Saldo final (2)
				Custo capital	0,5%	
0			—		—	—
1	—	—	8.345,27	(8.345,27)	—	(8.345,27)
2	(8.345,27)	—	16.690,53	(25.035,80)	(41,73)	(25.077,53)
3	(25.077,53)	17.568,98	16.690,53	(24.199,08)	(125,39)	(24.324,47)
4	(24.324,47)	17.568,98	16.690,53	(23.446,02)	(121,62)	(23.567,64)
5	(23.567,64)	17.568,98	16.690,53	(22.689,20)	(117,84)	(22.807,03)
6	(22.807,04)	17.568,98	16.690,53	(21.928,59)	(114,04)	(22.042,62)
7	(22.042,63)	17.568,98	16.690,53	(21.164,18)	(110,21)	(21.274,38)
8	(21.274,39)	17.568,98	16.690,53	(20.395,95)	(106,37)	(20.502,30)
9	(20.502,32)	17.568,98	16.690,53	(19.623,87)	(102,51)	(19.726,36)
10	(19.726,38)	17.568,98	16.690,53	(18.847,93)	(98,63)	(18.946,54)
11	(18.946,56)	17.568,98	16.690,53	(18.068,11)	(94,73)	(18.162,82)
12	(18.162,84)	17.568,98	8.345,29	(8.939,13)	(90,81)	(9.029,94)
13	(9.029,94)	17.569,00	—	8.539,06	(45,15)	8.493,91
		193.258,80	183.595,86	9.662,94	(1.169,03)	

Quadro 4.1 Fluxo de caixa com reajuste mensal.

---

[53] Antes do cálculo e da inclusão da despesa financeira no preço.
[54] A movimentação financeira prevista e gerada pela entrada das receitas e saída das despesas.

As despesas iniciam-se no mês 1, o primeiro mês da obra, e terminam no mês 12, com a receita parcelada do mês 11. As receitas foram consideradas no segundo mês após a medição mensal dos serviços executados. O contratante paga quarenta dias depois da medição.

Observe o seguinte:

a) As receitas, consideradas lineares, estão discriminadas na coluna R.

b) As despesas estão especificadas na coluna D.

c) O resultado previsto para o orçamento aparece na coluna (1) + R – D, $9.662,94, antes do pagamento da despesa financeira.

d) No entanto, apareceu uma despesa mensal, até então não considerada, que totaliza até o final do contrato $1.169,03. É a despesa financeira. O caixa da obra pagará ao construtor o juro que ele perdeu por retirar seu dinheiro de uma aplicação financeira para financiar o contrato.

e) A despesa financeira reduziu[55] o lucro anterior de $9.662,94 para um *lucro orçado* de $8.493,91. De 5,00% para 4,40% do preço.

f) É importante destacar que a validade destes cálculos depende da premissa adotada da inexistência de inflação (ou a correção monetária automática dos valores apresentados a partir do mês 0).

O problema do reajuste anual

A despesa financeira acentua-se quando não existe correção monetária plena, o que é um caso corrente. Quando o índice que reajusta mensalmente a receita não acompanha a inflação real da despesa, há uma perda complementar gerada pela correção monetária parcial. Uma situação ainda mais desfavorável é o caso da contratação com reajuste anual, em que o preço da obra com prazo inferior a um ano fica sem correção monetária, enquanto os custos sobem a taxas entre 10% e 15% ao ano.

Pensando no momento da elaboração do orçamento, as despesas permanecem as mesmas que foram cotadas, mas a moeda perderá seu poder de compra nos meses futuros, durante o prazo da obra, reduzindo, na prática, o valor monetário da receita.

---

[55] Quando a empresa construtora está capitalizada, a perda gerada pelo autofinanciamento da obra nem sempre é contabilizada. Esquece-se que se o dinheiro emprestado para o caixa da obra fosse investido no banco, haveria um lucro de $1.169,03. É o custo de oportunidade do capital. A situação complica-se quando não existe capital próprio e a obra é financiada com empréstimos bancários, ficando muito maior a despesa financeira.

Mês	Saldo inicial (1)	Receita R	Despesa D	Saldo (1) +R − D	DF	Saldo final (2)
				Custo capital	0,5%	
0			—	—	—	—
1	—	—	8.345,27	(8.345,27)	—	(8.345,27)
2	(8.345,27)	—	16.690,53	(25.035,80)	(41,73)	(25.077,53)
3	(25.077,53)	17.256,50	16.690,53	(24.511,56)	(125,39)	(24.636,95)
4	(24.636,95)	17.153,57	16.690,53	(24.173,91)	(123,18)	(24.297,09)
5	(24.297,09)	17.051,27	16.690,53	(23.936,36)	(121,49)	(24.057,84)
6	(24.057,85)	16.949,57	16.690,53	(23.798,81)	(120,29)	(23.919,09)
7	(23.919,10)	16.848,48	16.690,53	(23.761,15)	(119,60)	(23.880,74)
8	(23.880,75)	16.747,99	16.690,53	(23.823,30)	(119,40)	(23.942,68)
9	(23.942,70)	16.648,10	16.690,53	(23.985,13)	(119,71)	(24.104,82)
10	(24.104,84)	16.548,81	16.690,53	(24.246,56)	(120,52)	(24.367,06)
11	(24.367,08)	16.450,11	16.690,53	(24.607,50)	(121,84)	(24.729,32)
12	(24.729,34)	16.352,00	8.345,29	(16.722,61)	(123,65)	(16.846,26)
13	(16.846,26)	16.254,49	—	(591,77)	(84,23)	(676,00)
14		—	—			—
15	—	—	—			—
		184.260,89	183.595,86	665,03	(1.341,03)	

Quadro 4.2 Fluxo de caixa com reajuste anual.

A nova situação está ilustrada no Quadro 4.2.

Adotando-se uma taxa de inflação mensal de 0,60% ao mês, e deflacionando a receita, ou seja, diminuindo continuamente seu poder de compra, a movimentação financeira se modifica. Cada vez mais, parte do lucro terá de ser utilizado para pagar as despesas.

Para obter-se as receitas do Quadro 4.2, foi efetuada a deflação[56] dos valores das receitas mensais do Quadro 4.1. A receita do mês 3, por exemplo, foi calculada da seguinte forma: $17.568,98/(1+ 0,006)^3$ = $17.568,98/1,0181 = 17.256,50.

Os dados da coluna DF são obtidos aplicando-se a taxa de juros sobre o saldo da coluna (1) + R − D do mês anterior.

Observe o seguinte:

- O preço foi reduzido pela inflação de $193.258,80 para $184.260,89, isto é, houve um prejuízo de $8.997,91 por falta de correção monetária.

---

[56] A deflação da receita no Quadro 4.2 utiliza a Equação 15, apresentada a seguir.

- A despesa com a remuneração do capital aumentou de $1.169,03 para $1.341,03, ou seja, está se pagando $172,00 a mais de juros, além do prejuízo com a inflação.
- O resultado do contrato, nesta situação adversa, foi reduzido de um lucro inicial de $9.662,94 para um prejuízo de $676,00. De 5,00% do preço para -0,37%.[57]

Despesas financeiras com atrasos de pagamento

Partindo do Quadro 4.1, referente à movimentação financeira com moeda de poder de compra constante, pode-se calcular o efeito gerado por um atraso de pagamento de 30 dias no recebimento de todas as parcelas do contrato.

Observando o Quadro 4.3, tem-se:
- A mesma *receita* do Quadro 4.1, mas com entradas 30 dias depois.
- O mesmo gasto e o mesmo cronograma de desembolso.
- A despesa financeira subiu de $1.169,03 para $2.117,39, ou seja, quase dobrou.
- O lucro caiu de $9.662,94 para $7.545,55.

Mês	Saldo inicial (1)	Receita R	Despesa D	Saldo (1) +R − D	DF	Saldo final (2)
				Custo capital	0,5%	
0			—			
1	—	—	8.345,27	(8.345,27)	—	(8.345,27)
2	(8.345,27)	—	16.690,53	(25.035,80)	(41,73)	(25.077,53)
3	(25.077,53)	—	16.690,53	(41.768,06)	(125,39)	(41.893,45)
4	(41.893,45)	17.568,98	16.690,53	(41.015,00)	(209,47)	(41.224,47)
5	(41.224,47)	17.568,98	16.690,53	(40.346,03)	(206,12)	(40.552,14)
6	(40.552,15)	17.568,98	16.690,53	(39.673,70)	(202,76)	(39.876,45)
7	(39.876,46)	17.568,98	16.690,53	(38.998,01)	(199,38)	(39.197,38)
8	(39.197,39)	17.568,98	16.690,53	(38.318,95)	(195,99)	(38.514,92)
9	(38.514,94)	17.568,98	16.690,53	(37.636,49)	(192,57)	(37.829,04)
10	(37.829,06)	17.568,98	16.690,53	(36.950,61)	(189,15)	(37.139,74)
11	(37.139,76)	17.568,98	16.690,53	(36.261,31)	(185,70)	(36.447,99)
12	(36.447,01)	17.568,98	8.345,29	(27.223,30)	(182,24)	(27.405,53)
13	(27.405,54)	17.568,98	—	(9.836,56)	(137,03)	(9.973,58)
14	(9.973,59)	17.569,00	—	7.595,41	(49,87)	7.545,55
15	7.545,54	—	—	—		—
					—	
		193.258,80	183.595,86	9.662,94	(2.117,39)	—

Quadro 4.3 Despesa financeira com 30 dias de atraso.

---

[57] Note que a despesa financeira transformou o lucro inicialmente previsto em prejuízo.

Despesas financeiras com retenções sobre o preço

Partindo-se ainda do Quadro 4.1, pode-se avaliar a despesa financeira quando o cliente retém 5% das receitas mensais, liberando o valor total retido após a entrega da obra.

Observando o Quadro 4.4, tem-se:

- A mesma *receita*, mas com cronograma de entrada mais lento.
- O mesmo gasto e o mesmo cronograma de desembolso.
- A despesa financeira subiu de $1.169,03 para $1.421,32.
- O lucro caiu de $9.662,91 para $8.241,62.

Mês	Saldo inicial (1)	Receita R	Despesa D	Saldo (1) + R − D	DF	Saldo final (2)
				Custo capital	0,5%	
0			—	—		
1	—	—	8.345,27	(8.345,27)	—	(8.345,27)
2	(8.345,27)	—	16.690,53	(25.035,80)	(41,73)	(25.077,53)
3	(25.077,53)	16.690,53	16.690,53	(25.077,53)	(125,39)	(25.202,92)
4	(25.202,92)	16.690,53	16.690,53	(25.202,92)	(126,01)	(25.328,93)
5	(25.328,93)	16.690,53	16.690,53	(25.328,93)	(126,64)	(25.455,57)
6	(25.455,58)	16.690,53	16.690,53	(25.455,57)	(127,28)	(25.582,85)
7	(25.582,86)	16.690,53	16.690,53	(25.582,85)	(127,91)	(25.710,76)
8	(25.710,77)	16.690,53	16.690,53	(25.710,76)	(128,55)	(25.839,31)
9	(25.839,33)	16.690,53	16.690,53	(25.839,31)	(129,20)	(25.968,51)
10	(25.968,53)	16.690,53	16.690,53	(25.968,51)	(129,84)	(26.098,35)
11	(26.098,37)	16.690,53	16.690,53	(26.098,35)	(130,49)	(26.228,84)
12	(26.228,86)	16.690,53	8.345,29	(17.883,60)	(131,14)	(18.014,74)
13	(18.014,74)	16.690,53	—	(1.324,21)	(90,07)	(1.414,28)
14	(1.414,28)	9.662,97	—	8.248,66	(7,07)	8.241,62
15	8.241,59	—	—			—
		193.258,80	183.595,86	9.662,94	(1.421,32)	8.241,62

Quadro 4.4 Despesa financeira com retenção de 5%.

Despesas financeiras com depósito em garantia

Observando o Quadro 4.5, apresentado a seguir, tem-se:

- A receita parece maior devido à devolução do depósito em garantia no final da obra.
- A despesa parece maior devido ao desembolso referente ao depósito em garantia efetuado em favor do cliente na assinatura do contrato.
- A despesa financeira subiu de $1.169,03 para $1.825,39.
- O lucro caiu de $9.662,94 para $7.837,55.

Mês	Saldo inicial (1)	Receita R	Despesa D	Saldo (1) + R − D	DF	Saldo final (2)
				Custo capital	0%	
0			9.662,94	(9.662,94)	—	(9.662,94)
1	(9.662,94)	—	8.345,27	(18.008,21)	(48,31)	(18.056,52)
2	(18.056,52)	—	16.690,53	(34.747,05)	(90,28)	(34.837,34)
3	(34.837,34)	17.568,98	16.690,53	(33.958,89)	(174,19)	(34.133,07)
4	(34.133,07)	17.568,98	16.690,53	(33.254,62)	(170,67)	(33.425,29)
5	(33.425,29)	17.568,98	16.690,53	(32.546,84)	(167,13)	(32.713,97)
6	(32.713,97)	17.568,98	16.690,53	(31.835,52)	(163,57)	(31.999,09)
7	(31.999,09)	17.568,98	16.690,53	(31.120,64)	(160,00)	(31.280,64)
8	(31.280,63)	17.568,98	16.690,53	(30.402,19)	(156,40)	(30.558,59)
9	(30.558,59)	17.568,98	16.690,53	(29.680,14)	(152,79)	(29.832,93)
10	(29.832,93)	17.568,98	16.690,53	(28.954,48)	(149,16)	(29.103,64)
1	(29.103,65)	17.568,98	16.690,53	(28.225,20)	(145,52)	(28.370,71)
12	(28.370,72)	17.568,98	8.345,29	(19.147,00)	(141,85)	(19.288,87)
13	(19.288,86)	17.568,98	—	(1.719,87)	(96,44)	(1.816,31)
14	(1.816,32)	9.662,94	—	7.846,62	(9,08)	7.837,55
15	7.837,54	—	—			—
		202.921,74	193.258,80	9.662,94	(1.825,39)	

Quadro 4.5 Despesa financeira com depósito em garantia.

O importante, neste ponto, é perceber o peso que a despesa financeira pode exercer no preço. Fica evidente que agrupando-se algumas das condições desfavoráveis apresentadas, o lucro poderá ser transformado em prejuízo.

Fórmula para cálculo da despesa financeira

Para facilitar a fundamentação e facilitar o cálculo da despesa financeira, foi desenvolvida uma fórmula matemática[58] como alternativa à utilização do fluxo de caixa.

O objetivo da fórmula é definir uma variável que possa ser incorporada ao cálculo do preço, de forma a possibilitar a provisão de recursos para fazer frente às despesas financeiras, garantindo, assim, a entrega da obra.

A taxa F, despesa financeira do contrato, é obtida pela seguinte fórmula:

Equação 9
Taxa F para inclusão da despesa financeira na taxa de BDI

$$F = F_I + F_J$$

Em que:
FI é a despesa financeira decorrente dos juros, da remuneração do capital.
FJ é a despesa financeira decorrente da perda de correção monetária em contratos de reajuste anual.

---

[58] Fórmula inspirada na abordagem matemática de SALAZAR, S. no livro "Costo y Tiempo em Edificación", p. 39.

4.1.1 Perda referente à remuneração do capital

Apresenta-se no Gráfico 4.1 uma ilustração esquemática sobre a movimentação financeira acumulada de um contrato, base da equação utilizada para a avaliação da despesa financeira.

A linha reta representa o desembolso contínuo de dinheiro para possibilitar a execução do contrato, acumulando-se os gastos dos meses anteriores. Representa a soma acumulada da coluna D no Quadro 4.1.

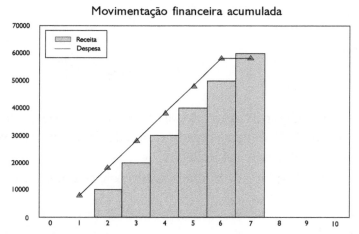

Gráfico 4.1 Ilustração da movimentação financeira de contratos

Os retângulos representam as receitas periódicas (normalmente mensal) da empresa, acumulando-se os recebimentos dos meses anteriores. Representa a soma acumulada da coluna R no Quadro 4.1.

A distância entre as cotas de cada ponto da linha contínua e as cotas da linha horizontal descontínua representa o saldo diário do caixa, as colunas Sd Final do Quadro 4.1.

Se a linha que representa a despesa estiver acima da coluna que representa a receita, existe saldo de caixa negativo e necessidade de financiamento, caso contrário, existe sobra de dinheiro no caixa e a possibilidade de obtenção de lucro financeiro naquele dia.

A diferença entre a área existente sob a linha das despesas e a área das receitas (colunas) representa a necessidade total de financiamento do contrato pelo período de um mês. A necessidade de financiamento (NF) é a soma dos valores da coluna Sd Final do Quadro 4.1.

O roteiro de cálculo da despesa financeira pela Equação 9 é o seguinte:

a) Estima-se a taxa de BDI do contrato, pois, neste momento, ainda não deverá ser conhecida.
b) Calcula-se o preço do contrato, sabendo-se que P = C x (1+BDI (%)).
c) Estima-se o lucro do contrato L, ou a proporção do lucro sobre o custo direto, calculando-se o PFL (preço fora o lucro).

Equação 10
Preço fora o lucro, em valores absolutos

$$PFL = P - L$$

ou

Equação 11
Preço fora o lucro, calculado a partir do custo

$$PFL = C \times (1 + BDI(\%) - L(\%))$$

Trata-se de um cálculo iterativo: depois de calculadas a despesa financeira e a primeira taxa de BDI, deve-se repetir o cálculo da despesa financeira F e do BDI, até que os valores se estabilizem.

Calcula-se a necessidade de financiamento pela seguinte fórmula:

Equação 12
Necessidade de financiamento do contrato

$$NF = PFL \times \left(\frac{T}{2} + 1 + TP - TF\right) - P \times FRP \times \frac{(T+1)}{2}$$

Onde:
NF = Necessidade de Financiamento, em $/mês.
PFL = Preço orçado sem o lucro previsto, em $.
T = Tempo de Construção, o prazo da obra, em meses.
TF = Tempo médio para pagar o fornecedor a partir da compra, em meses.
P = Preço orçado, em $.
FRP = Fator de Redução do Preço, em decimais.
TP = Tempo para receber as faturas, a partir da medição no final do mês, em meses.

O valor de NF só será considerado quando positivo, o que acontece na maioria dos casos. A taxa de financiamento a ser considerada na fórmula para o cálculo do BDI é a seguinte:

Equação 13
Taxa F_I para incluir a remuneração do capital de giro

$$F_I = \frac{(NF \times I)}{P}$$

Onde:
I = Taxa de juro mensal sobre o fluxo de caixa, em decimal.

4.1.2 Perda referente à inflação

Para retratar a situação apresentada no Quadro 4.2, será calculado um fator de redução do preço chamado de FRP. A despesa financeira F_J será definida pela seguinte equação:

Equação 14
Taxa F_j para incluir a correção monetária

$$F_j = (1 - FRP)$$

Fator de redução do preço

As parcelas do preço a serem recebidas no transcorrer do contrato vão perdendo valor em função do tempo e da taxa de inflação.

O valor deflacionado da parcela do mês n é o seguinte:

Equação 15
Valor deflacionado da parcela

$$VFD_n = \frac{VF_n}{(1 + j)^n}$$

Onde:
VF n é o valor da fatura a receber no mês n, conforme o valor orçado.
VFD n é o valor efetivo da fatura do mês n, depois de descontado o efeito da inflação.
j é a taxa média de inflação
n é o mês em que se deseja calcular o valor efetivo da fatura
$1/(1 + j)^n$ é o fator de redução do preço para a fatura do mês n

Equação 16
Fator de redução do preço de cada parcela

$$FRP_n = \frac{VFD_n}{VFn}$$

A redução do valor de cada parcela segue aumentando com o passar do tempo, mas, para nosso cálculo, interessa buscar o fator de redução médio equivalente que possa ser aplicado sobre todas as parcelas do preço do contrato, ou seja, sobre o preço orçado.

Equação 17
Fator de redução do preço do contrato

$$FRP = \frac{FRP1 + FRP2 + \ldots + FRPn}{n}$$

De posse do valor de F, calcula-se o valor da taxa de BDI. Caso seja diferente da taxa de BDI inicialmente arbitrada, repete-se o cálculo do novo F (com a taxa de BDI e a taxa de L calculadas) e do novo valor da taxa de BDI. Repete-se o processo até que os parâmetros F, L e BDI se estabilizem.

Com a ajuda das fórmulas financeiras, fica possível a contratantes e construtores, definirem a taxa de encargos financeiros do contrato. A fórmula financeira tem boa precisão para parcelas do preço de valor aproximado recebidas mensalmente, caso das obras empreitadas. Outros casos exigirão um cálculo detalhado no fluxo de caixa. A demonstração do cálculo pelas fórmulas financeiras será efetuada no próximo capítulo.

Parâmetros para empresas contratantes

Foi desenvolvida uma análise de sensibilidade sobre a incidência de despesas financeiras sobre contratos de obras. A análise por meio da fórmula não leva em consideração as despesas decorrentes de retenção sobre o preço e nem as despesas decorrentes de depósitos em garantia.

No entanto, por intermédio da fórmula, as despesas da movimentação financeira mais comuns, inclusive as referentes à previsão de atrasos de pagamento, podem ser efetuadas rapidamente, tanto para obras de reajuste mensal quanto anual.

Os parâmetros utilizados para a criação de faixas para as taxas financeiras F foram os seguintes:

Parâmetros	Taxa mínima	Taxa muito baixa	Taxa baixa	Taxa média	Taxa interm.	Taxa alta	Taxa máxima
L – %	6%	5,5%	5%	4,5%	4%	3,5%	3%
TF – meses	0,6	0,7	1,0	0,9	0,7	0,6	0,5
I – % ao mês	0,41%	0,6%	0,7%	0,85%	1%	1,1%	1,25%
J – % ao mês	0,3%	0,5%	0,95%	0,95%	1,5%	2%	3%
TP – meses	0,2333	0,4667	0,7	0,9	1,1667	1,3333	1,5
T – meses	3	4	5	6	8	9	11

Quadro 4.6 Cenários adotados para despesas financeiras.

Despesas financeiras sobre o preço	Taxa mínima	Taxa muito baixa	Taxa baixa	Taxa média	Taxa interm.	Taxa alta	Taxa máxima
Reajuste mensal	0,01%	0,08%	0,1%	0,4%	1,42%	2,56%	5,1%
Reajuste anual	0,82%	1,56%	2,16%	3,31%	5,77%	7,84%	12,22%

Tabela 4.1 Faixa de despesas financeiras.

Pode-se observar que o peso das despesas financeiras para as obras públicas, cujos contratos são reajustados com periodicidade anual, é elevado. É a razão mais comum para a paralisação das obras.

O orçamento é preparado com o poder de compra da moeda na data de sua elaboração. As aquisições durante a obra serão efetuadas por valores mais elevados, tanto mais quanto maior for o prazo da obra, entre outras variáveis.

A margem de segurança preliminar que o contratante considera no seu preço poderá dar condições ao construtor para conseguir comprar todos os insumos e terminar a obra. Os cálculos financeiros serão desenvolvidos no próximo capítulo.

4.2 INCERTEZAS E RISCOS

Segundo o PMI (2004a)[59], o gerenciamento de riscos deve ser efetuado pelo desenvolvimento de seis atividades:

1. Planejamento do gerenciamento de riscos
2. Identificação de riscos
3. Análise qualitativa
4. Análise quantitativa
5. Planejamento de respostas a riscos
6. Monitoramento e controle de risco

O texto segue esta ordem de apresentação e desenvolve uma abordagem direcionada para a construção civil.

Planejamento do gerenciamento de riscos

O gerenciamento de projetos é a melhor resposta que se pode dar às incertezas que acompanham os empreendedores. Ao definir uma data de início, um prazo e um objetivo específico a ser alcançado, o sucesso do projeto depende da superação das barreiras que aparecerem pelo caminho, muitas óbvias, algumas possíveis e outras imprevisíveis.

O gerenciamento de riscos exige um plano de ação. Segundo Lima Jr. (1995), "o lucro é a remuneração da competência, logo, quanto mais arriscada a operação, mais competência se exige para manejá-la".

---

[59] Livro Pmbok em português.

A definição do preço é uma decisão tomada no presente objetivando alcançar resultados posteriores. O ponto-chave desta decisão estratégica é a percepção do futuro e, embora essencialmente subjetiva, não pode ser classificada como irracional. Pode-se incluir na noção de competência o conceito de racionalidade subjetiva[60].

Quando acreditamos que os acontecimentos passados se manterão no futuro, analisamos os dados disponíveis para fazer previsões que consistem em projeções do passado. Os resultados esperados podem ser expressos em termos probabilísticos e apresentam boa precisão. Quando o passado é de pouca serventia, em face da possibilidade de ocorrerem muitos fatos novos, estamos diante de uma situação de incerteza. A incerteza a respeito do futuro é expressa em termos de probabilidades subjetivas. Os fenômenos são complexos demais para que um profissional possa acertar suas previsões com base no passado. Utilizando informações do momento da análise, experiência acumulada e muita intuição, desenvolvemos nossas percepções.

O planejamento do gerenciamento de riscos diz respeito à decisão de como elaborar, planejar e executar as atividades relacionadas com o tratamento dos riscos. Ainda segundo a Lima Jr. (1995), "os riscos devem estar balizados e o preço deve sempre ter cobertura para absorver desvios até um certo limite, pois, no setor, em relação ao cenário esperado, eles ocorrerão".

O plano adotado no texto é o de classificar detalhadamente os riscos[61] e calcular o impacto de seus componentes no custo, pela definição de um conjunto de probabilidades subjetivas obtidas por um estudo de caso desenvolvido para obras de edificações. A meta é apresentar ao leitor uma abordagem matemática para tratar o assunto e apresentar parâmetros para uso imediato, que poderão ser otimizados[62] pela experiência de cada um.

A classificação dos riscos segue os conceitos jurídicos de contrato e teoria da imprevisão que, sintetizando, e contando com a tolerância dos leitores advogados, afirmam que tudo o que for contratado no regime de empreitada deverá ser executado de qualquer forma, no preço pactuado, salvo se ocorrerem gastos

---

[60] Os termos "racionalidade subjetiva" e "probabilidades subjetivas" foram retirados de "Procedimentos para Apoio às Decisões", Capítulo 1, de Pierre J. Ehrlich, professor da FGV.

[61] A classificação dos riscos foi inspirada por Salazar (1980).

[62] A quantificação dos riscos é efetuada em vários níveis e possibilita a particularização do impacto por parte de cada leitor, pela elaboração de ajustes no valor atribuído aos itens e às probabilidades subjetivas apresentadas.

impossíveis de serem previstos no momento em que foi assumida a obrigação, decorrentes de fatos imprevisíveis ou previsíveis, mas de conseqüências incalculáveis, ou em caso fortuito ou de força maior. Em outras palavras: tudo que for considerado previsível e calculável deverá ser considerado no orçamento da obra.

O planejamento do gerenciamento de riscos precisa responder o que deve ser considerado previsível e qual o tratamento matemático a aplicar sobre os fatos previsíveis. Exige uma reflexão sobre a possibilidade de previsão de custos pelos orçamentistas de obras e uma definição mais detalhada dos parâmetros relacionados com o risco.

Os riscos serão classificados da seguinte forma:

a) *Situações previsíveis* – fatos práticos que, embora não mencionados explicitamente nos documentos, tem grande probabilidade de acontecer na prática e são tidos como conhecidos pelo construtor, que deverá arcar integralmente com os gastos por eles gerados. Trata-se de previsão confiável com base nos dados estatísticos disponíveis.

b) *Riscos* – eventos aleatórios, que podem ou não acontecer, cuja probabilidade de ocorrência e estimativas do impacto por eles gerados podem ser estimadas matematicamente, sendo, se acontecerem, de responsabilidade do construtor. Utiliza-se a racionalidade subjetiva.

c) *Incertezas* – eventos aleatórios, que podem ou não acontecer, cuja probabilidade de ocorrência e estimativas de impacto são de difícil previsão, sendo, mesmo assim, se acontecerem, de responsabilidade do construtor. Aqui entramos definitivamente no mundo da probabilidade subjetiva, os fenômenos são complexos demais para se calcular probabilidades de eventos históricos. Utilizando informações disponíveis, muita experiência acumulada e muita intuição, as variáveis são definidas.

d) *Incertezas de força maior* – eventos aleatórios, que podem ou não acontecer, cuja probabilidade de ocorrência e estimativas de gastos são impossíveis de prever, sendo, se acontecerem, de responsabilidade do contratante.

Com exceção das incertezas de força maior, todos os demais itens listados são considerados previsíveis e precisam fazer parte do preço.

Identificação dos riscos

As situações previsíveis devem ter seus gastos embutidos nos custos ou nas despesas indiretas e são apresentadas no Quadro 4.7.

Item	Riscos classificados de situações previsíveis
1	Atrasos de pagamento rotineiros já conhecidos no mercado.
2	Falta de correção monetária integral em contratos com correção monetária anual.
3	Dificuldades para executar serviços externos em época de chuvas.
4	Inundações contínuas em locais conhecidos.
5	Qualquer custo ou despesa aleatória com grande probabilidade de ocorrência.

Quadro 4.7 Itens de situações previsíveis.

Os riscos devem ter seus gastos embutidos nas despesas indiretas e são apresentados no Quadro 4.8.

Item	Riscos própriamente ditos
6	Desperdício de materiais decorrentes de projetos complexos.
7	Desperdício de materiais decorrentes de projetos incompatíveis.
8	Desperdício no transporte e aplicação de materiais.
9	Desperdício devido a retrabalho.
10	Prejuízo com material defeituoso não repassável ao fabricante.
11	Prejuízos com furto ou roubo de materiais não cobertos por seguro.
12	Prejuízo com materiais não cobertos por seguro.
13	Baixa produtividade de equipamentos gerada por projetos complexos.
14	Baixa produtividade de equipamentos gerada por projetos incompatíveis.
15	Baixa produtividade de equipamentos no transporte e aplicação de materiais.
16	Baixa produtividade de equipamentos ocasionada por retrabalho.
17	Baixa produtividade de equipamentos gerada por reinstalação de material defeituoso.
18	Prejuízos com furto ou roubo de equipamentos não cobertos por seguro.
19	Prejuízo com equipamentos não cobertos por seguro contra incêndio.
20	Horas paradas de equipamentos de produção por falta de frente de trabalho.
21	Baixa produtividade de mão-de-obra gerada por projetos complexos.
22	Baixa produtividade de mão-de-obra gerada por projetos incompatíveis.
23	Baixa produtividade de mão-de-obra no transporte e aplicação de materiais.
24	Baixa produtividade de mão-de-obra ocasionada por retrabalho.
25	Baixa produtividade de mão-de-obra gerada por reinstalação de material defeituoso.
26	Perda do ganho de escala na aquisição de materiais por alongamento de prazo e ineficiência.
27	Aumento salarial de operários em função de escassez de mão-de-obra na região.
28	Aumento salarial devido à periculosidade e insalubridade não previstas.
29	Maiores custos de rescisão em função de rotatividade de operários maior que a prevista.

30	Despesas com a morte de operários não cobertas por seguro de vida coletivo.
31	Despesas com acidentes de trabalho não cobertas por seguro coletivo.
32	Pagamento de dias não trabalhados referente a doença de operários acima do nível previsto.
33	Aumento nas leis sociais decorrente de pagamento de horas extras não previstas.
34	Prejuízo com roubo do pagamento de operários.
35	Aumento do prazo da obra por responsabilidade do construtor.
36	Erro na estimativa do volume de obras no BDI.
37	Horas paradas de equipamentos de produção de responsabilidade do construtor.
38	Horas paradas de mão-de-obra de produção de responsabilidade do construtor.
39	Acertos indevidos efetuados por pressão da Justiça do Trabalho.
40	Riscos de engenharia não cobertos por seguro.

Quadro 4.8 Itens de riscos propriamente ditos.

As incertezas devem ter seus gastos embutidos nas despesas indiretas e são apresentadas no Quadro 4.9.

Item	Riscos classificados como incertezas
41	Atrasos de pagamento das receitas, não previstos, com despesa financeira não repassável.
42	Inflação superior à prevista no orçamento, não repassável.
43	Custo do capital superior ao previsto no orçamento e não repassável.
44	Danos contra terceiros não cobertos por seguro de danos contra terceiros.
45	Excesso de chuvas – fora ou dentro da época de chuvas.
46	Gastos com a comunidade e a imprensa não repassáveis ao cliente.
47	Rigor fiscal excessivo na medição.
48	Mudança de poder político.
49	Despesas com acertos amigáveis.
50	Despesas com ações judiciais.
51	Prejuízo quando o cliente não paga medições além da quantidade orçada.
52	Erro no levantamento de quantidades de serviço em orçamentos de contratos por preço global.

Quadro 4.9 Itens de incertezas econômicas.

A identificação de riscos vem pela discussão do assunto entre a equipe do projeto e, eventualmente, consultores externos, em um brainstorming que conduz à lista dos eventos "desconhecidos conhecidos".

Podem ser utilizadas pelo menos três técnicas para identificar riscos: a técnica Delphi, a técnica SWOT e a técnica conhecida por Análise das Premissas.

As incertezas de força maior não entram na formação do preço e são apresentadas no Quadro 4.10.

Item	Riscos classificados como incertezas de força maior
53	Pacotes econômicos.
54	Confiscos governamentais.
55	Criação de novos impostos após a assinatura do contrato.
56	Alteração na jornada de trabalho após assinatura do contrato.
57	Queda de raios.
58	Inundações.
59	Terremotos.
60	Maremotos.
61	Guerras.
62	Revoluções.
63	Depredações.
64	Saques.
65	Golpe de estado.
66	Aumento elevado de item de fabricante único.
67	Toda exigência ou imposição do cliente não prevista em contrato.

Quadro 4.10 Itens de incertezas de força maior.

São fatos cuja probabilidade de ocorrência não se consegue prever nem a intensidade do impacto se pode avaliar, mas que podem gerar grandes perdas, impossíveis de serem previamente quantificadas e orçadas. A ocorrência destes fatores poderá gerar a imediata paralisação da obra ou um pedido amigável ou judicial de reequilíbrio econômico-financeiro do contrato, solicitando uma revisão no preço para tornar possível a continuidade da execução da obra.

Análise qualitativa

Consiste na avaliação da importância do item de risco. Isso pode ser feito classificando-se os itens que podem gerar maior impacto[63] em pelo menos um dos objetivos do projeto e os que têm maior probabilidade de acontecer.

Entrevistas com os membros da equipe interna do projeto e com especialistas externos podem questionar a existência de novos fatores de risco ou a exclusão de itens sem maior expressão do sistema de gerenciamento de riscos.

Análise quantitativa

Consiste no cálculo do impacto que a ocorrência do risco vai gerar no custo do projeto. Isso pode ser feito por técnicas conhecidas como Árvore de

---

[63] O *Pmbok* orienta a adoção de uma estrutura analítica sobre os fatores que dão origem aos riscos e uma avaliação qualitativa pela chamada "Matriz de Probabilidade e Impacto", não apresentada no texto.

decisão, Simulação de Monte Carlo, ou ainda por Análises de sensibilidade, ou da definição de estimativas de custo nas faixas mínimo, esperado e máximo com base em critérios estatísticos.

Apresenta-se uma análise quantitativa, de caráter didático, baseada na definição de sete faixas de risco, chamadas de mínimo, muito baixo, baixo, normal, intermediário, alto e máximo, tomando-se por base o levantamento do custo direto de construção de um edifício residencial com 1.800 m² de área construída e padrão de acabamento médio, a Obra 6 definida na Tabela 3.1.

Baseados na experiência do autor no acompanhamento de obras semelhantes e no brainstorming continuamente desenvolvido com as equipes técnicas de empresas construtoras em serviços de consultoria, foram estimados os impactos máximos dos itens de risco identificados, e as probabilidades de sua ocorrência, nas sete faixas de risco consideradas.

Probabilidade por nível de risco — impacto

Item	Mínimo	Muito baixo	Baixo	Médio	Interm.	Alto	Máximo	Estimativa máxima ($) (CUB-PR x 10⁻²)
6	0%	0%	0%	0%	0%	40%	100%	1.651,71
7	0%	0%	0%	0%	0%	40%	100%	1.494,40
8	5%	8%	10%	15%	20%	40%	100%	1.179,79
9	5%	12%	20%	20%	20%	20%	100%	1.966,32
10	0%	0%	0%	0%	0%	0%	100%	1.573,06
11	5%	8%	10%	20%	30%	30%	100%	1.573,06
12	0%	0%	0%	0%	0%	0%	100%	1.415,75
13	0%	0%	0%	0%	0%	40%	100%	587,45
14	0%	0%	0%	0%	0%	40%	100%	587,45
15	5%	7%	10%	20%	30%	30%	100%	411,22
16	5%	8%	10%	20%	30%	30%	100%	352,47
17	0%	0%	0%	0%	0%	0%	100%	264,35
18	5%	7%	10%	15%	20%	20%	100%	352,47
19	0%	0%	0%	0%	0%	0%	100%	234,98
20	5%	10%	15%	30%	40%	40%	100%	499,33
21	0%	0%	0%	0%	0%	0%	100%	535,07
22	0%	0%	0%	0%	0%	0%	100%	535,07
23	5%	7%	10%	25%	40%	40%	100%	535,07
24	5%	8%	10%	15%	20%	20%	100%	1.070,15
25	0%	0%	0%	0%	0%	0%	100%	535,07
26	0%	0%	0%	0%	0%	25%	100%	2.752,85
27	0%	0%	0%	0%	0%	0%	100%	1.177,16

28	0%	0%	0%	0%	0%	0%	100%	1.284,18
29	0%	0%	0%	10%	10%	30%	100%	2.229,48
30	0%	0%	0%	0%	0%	0%	100%	1.114,74
31	0%	0%	0%	0%	0%	0%	100%	668,84
32	5%	7%	10%	15%	20%	30%	100%	1.201,69
33	0%	2%	5%	10%	15%	20%	100%	2.095,71
34	5%	7%	10%	10%	10%	20%	100%	1.444,70
35	5%	8%	10%	15%	25%	25%	100%	1.164,24
36	5%	7%	10%	10%	10%	20%	100%	2.070,52
37	5%	8%	10%	15%	20%	20%	100%	293,73
38	5%	7%	10%	15%	20%	30%	100%	1.605,22
39	0%	0%	0%	10%	15%	20%	100%	642,09
40	0%	5%	5%	10%	10%	15%	100%	2.415,61
Total geral								**$39.515,01**

Quadro 4.11 Níveis de ocorrência de riscos.

Os dados são apresentados ao leitor para análise e ajuste à sua realidade. Para outros tipos de obra, ficam a ilustração e o roteiro de cálculo.

O orçamento desta obra é composto pelos seguintes custos diretos:

a) $78.528,00 de materiais de construção
b) $53.514,00 de mão-de-obra direta, de equipe própria da empresa construtora, sendo o custo das horas trabalhadas de $22.297,50 e o custo dos encargos sociais, na taxa de 140%, de $31.216,50.
c) $6.000,00 de equipamentos de produção.
d) Custo direto total de $138.042,00.

O cálculo do impacto máximo é efetuado em relação ao custo direto da obra, que, por sua vez, foi elaborado com cotações médias de insumo, nível médio de desperdício, encargos sociais e despesas administrativas.

O cálculo do impacto de cada item de risco é efetuado por sua estimativa de custo multiplicada pela probabilidade de sua ocorrência.

Processando-se os dados do Quadro 4.11, obtém-se os dados da Tabela 4.2.

Faixa de risco	Porcentagem do custo
Risco mínimo	0,57%
Risco muito baixo	1,04%
Risco baixo	1,46%
Risco médio	2,36%
Risco intermediário	3,02%
Risco alto	5,91%
Risco máximo	28,63%

Tabela 4.2 Faixas de risco.

Exemplo do cálculo do risco mínimo da Tabela 4.2

Consultando os dados da coluna mínimo e da coluna estimativa máxima do Quadro 4.11, tem-se:

Risco mínimo = 5% x 1.179,79 + 5% x 1.966,32 + 5% x 1.573,06 + 5% x 411,22 + 5% x 352,47 + 5% x 352,47 +5% x 499,33 + 5% x 535,07 + 5% x 1.070,15 + 5% x 1.201,69 + 5% x 1.444,70 + 5% x 1.164,24 + 5% x 2.070,52 + 5% x 293,73 + 5% x 1.605,22 = 5% x 15.719,38 = $785,97 em valor absoluto.

Porcentagem do custo = 785,97/138.042,00 = 0,57%

Probabilidade por nível de incerteza impacto

Item	Mínimo	Muito baixo	Baixo	Médio	Itermed.	Alto	Estimativa máxima ($) (CUB-PR x 10⁻²)
41	0%	10%	20%	40%	50%	60%	2.000,00
42	0%	5%	10%	20%	30%	40%	3.000,00
43	0%	5%	10%	20%	30%	40%	2.500,00
44	0%	0%	0%	0%	30%	40%	2.500,00
45	0%	5%	10%	20%	30%	50%	2.000,00
46	0%	0%	0%	0%	20%	30%	700,00
47	0%	0%	0%	0%	20%	30%	1.500,00
48	0%	0%	0%	0%	0%	20%	3.000,00
49	0%	0%	0%	0%	0%	20%	2.000,00
50	0%	0%	0%	0%	0%	20%	4.500,00
51	0%	5%	10%	20%	30%	30%	2.000,00
52	0%	0%	0%	0%	0%	0%	0,00
Total geral							$25.700,00

Quadro 4.12 Níveis de incertezas.

Os orçamentistas de empresas construtoras poderão calcular detalhadamente o risco de cada contrato alterando as probabilidades adotadas no Quadro 4.11, ou mesmo alterando os valores das estimativas de risco.

Faixas de incerteza	Porcentagem do preço
Mínimo	0%
Muito baixo	0,35%
Baixo	0,7%
Médio	1,4%
Intermediário	2,61%
Alto	4,43%
Máximo	13,3%

Tabela 4.3 Faixas de incertezas.

O cálculo do impacto de cada item de *incerteza* é efetuado por sua estimativa de custo multiplicada pela probabilidade de sua ocorrência.

Exemplo do cálculo da incerteza nível baixo da Tabela 4.3

Consultando os dados da coluna "Baixo" e da coluna "Estimativa Máxima" do Quadro 4.12, tem-se:

Risco mínimo = 20% x 2.000,00 + 10% x 3.000,00 + 10% x 2.500,00 + 10% x 2.000,00 + 10% x 2000,00 = $1.350,00 em valor absoluto.

O preço da obra, com BDI arbitrado em 40%, é de R$193.258,80.

Porcentagem do custo = 1.350,00/193.258,80 = 0,70%

A análise quantitativa das Situações Previsíveis deve ser desenvolvida dentro do levantamento de custos da obra e no orçamento de outras despesas indiretas. Por exemplo: se a chuva atrapalha, ajusta-se a produtividade dos operários nas composições de custo; se o prazo de execução se estende, aumentam-se as despesas administrativas.

Planejamento de respostas a riscos

Uma postura realista frente ao risco torna possível encontrar a melhor resposta dentro de cada obra ou projeto. As alternativas são prevenir, transferir ou mitigar.

Prevenir consiste em eliminar a ameaça, investindo para que o fato gerador do risco seja anulado. Isso pode ser feito com alguns itens de risco. Vale o conceito de aversão ao risco. Uma análise de custo/benefício é interessante. O construtor poderia passar a construir obras somente no regime de administração. O contratante poderia contratar uma inspeção em um imóvel antigo, especificar detalhadamente insumos e serviços, contratar uma empresa com grande experiência em reformas, orçar minuciosamente a obra de reforma, e assim eliminar o risco de ter um grande sobrecusto.

Transferir repassando o risco ao contratante, ao fornecedor e às empresas seguradoras. Normalmente, paga-se um prêmio para transferir risco. As despesas com o prêmio do seguro devem ser acrescentadas no impacto dos riscos não repassáveis.

Mitigar, ou seja, reduzir o risco para um limite tido como aceitável. Adotar um processo mais simples ou trabalhar com um fornecedor mais confiável podem ser alternativas viáveis.

Em termos de aceitação do risco, pode haver uma postura passiva ou ativa. Na postura passiva, não se reage a um risco conhecido antes de ele acontecer. Pode ser um risco de alto impacto, em determinado tipo de serviço, que um empreendedor decide omitir do seu gerenciamento de riscos. Não é o caso de não saber identificar o risco. O risco é conhecido, mas em função da cultura da empresa não é considerado.

Na postura ativa, todo o risco identificado tem uma resposta, sendo a mais comum criar uma reserva para contingências no preço.

Monitoramento e controle de riscos

O gerenciamento de riscos desenvolve-se com o constante acompanhamento das oportunidades e ameaças que se materializam durante o andamento do projeto.

Quanto mais se acompanha a ocorrência destes fatores mais os efeitos desfavoráveis são reduzidos e maiores ficam as possibilidades de lucro e a garantia de entrega da obra.

4.3 CONTINGÊNCIAS

Conhecidas as estimativas dos valores de riscos e incertezas, resta definir a forma como estes parâmetros serão considerados no método para a formação do preço. Será chamado de contingências, o componente da taxa de BDI responsável por compensar os riscos atribuídos ao contrato da obra, aqueles discriminados no Quadro 4.8. O risco será identificado e aceito em uma postura ativa, em que se embute no preço uma reserva para reduzir ou anular seu impacto.

Na definição da taxa de contingências, é necessário saber quais riscos serão repassados a terceiros, se for o caso, e quais serão as despesas relacionadas com os repasses. Os riscos repassados não devem ser considerados na análise das probabilidades subjetivas. Seus gastos podem ser conhecidos de forma direta e depois acrescentados à análise de risco proposta.

A forma de repasse mais comum é contratar apólices de seguro com companhias seguradoras[64]. Neste caso, a verba de contingências será a soma dos prêmios de seguro com a estimativa do risco não repassado. Dividindo-se a verba pelo custo direto, define-se a taxa de contingências a utilizar nas fórmulas de BDI.

---

[64] Nem todos os riscos são aceitos pelas companhias seguradoras.

É importante destacar a relação entre a verba de contingências e a estimativa de custo. Na estimativa de custo, parte-se do pressuposto de que as condições de execução dos serviços serão boas ou normais. Dentro desta hipótese, em função das negociações para aquisição de suprimentos, nível de desperdício de materiais e do nível de produtividade da mão-de-obra, entre outros fatores, o custo efetivo terá uma margem de variação em relação ao custo orçado. Trabalhando-se com números médios, é razoável considerar que parte do custo real será inferior e parte será superior à estimativa de custo, em uma variação compatível com a precisão que se pode obter da técnica orçamentária, resultando assim no custo médio adotado. O conceito de contingências refere-se a uma variação maior, resultado da ocorrência de um cenário de execução desfavorável, uma situação comum. Os custos extras gerados por fatores negativos não deverão estar orçados no custo[65], e sim nas contingências.

4.4 LUCRO ORÇADO

O lucro orçado é a remuneração prevista para a empresa construtora no orçamento aprovado.

Uma quantidade de moeda embutida no preço teoricamente não comprometida com o pagamento de nenhum custo ou despesa. O lucro orçado que é considerado no preço é apenas uma meta, pois o lucro só poderá ser apurado após o final da execução da obra, inclusive após as despesas com a manutenção pós-entrega.

O lucro pode ser expresso de várias maneiras, entre as quais citamos:

- O valor absoluto da diferença entre o preço e o gasto, ou entre a receita e a despesa.
- Uma proporção do custo direto da obra.
- Uma proporção do preço da obra.
- O VPL – valor presente líquido, o valor à vista do lucro, depois de descontadas as despesas financeiras.

---

[65] Exceto no caso das situações previsíveis, em que se avalia que o cenário ruim tem elevada chance de acontecer e os gastos extras são inseridos nos custos e despesas indiretas.

- A TIR – taxa interna de retorno do fluxo de caixa do contrato, quando a remuneração da prestação de serviço de construção pode ser comparada ao ganho financeiro oferecido pelas instituições financeiras.

Faixas de lucro orçado	Lucro bruto	Lucro líquido
Mínimo	1%	0,76%
Muito baixo	2%	1,52%
Baixo	3%	2,28%
Médio	4%	3,04%
Intermediário	6%	4,56%
Alto	8%	6,08%
Máximo	10%	7,6%

Tabela 4.4 Faixas de lucro orçado.

O lucro orçado sobre o preço da obra está sugerido na Tabela 4.4, válido para o caso de serem calculados todos os demais componentes da taxa de BDI apresentados neste manual.

As quatro primeiras formas de cálculo do lucro são bastante conhecidas no mercado. É interessante avaliar a lucratividade, sobre uma perspectiva financeira, com maior precisão, utilizando-se os conceitos de TIR e VPL[66].

Neste texto, de caráter econômico, não vamos aprofundar estes temas de natureza financeira, apenas para fins de ilustração, estão apresentados no Quadro 4.13, os valores destas variáveis para as planilhas apresentadas no item despesas financeiras.

Planilha	Lucro sobre o preço L (%)	Taxa interna de retorno (mensal) TIR	Lucro no final do contrato L	Valor presente líquido VPL
Quadro 4.1 – Reajuste mensal	5%	3,47%	8.493,91	7.960,65
Quadro 4.2 – Reajuste anual	5%	0,25%	-676,00	-633,55
Quadro 4.3 – Atraso de pagamento	5%	2,07%	7.545,55	7.036,66
Quadro 4.4 – Retenção sobre parcelas	5%	2,91%	8.241,62	7.785,76
Quadro 4.5 – Depósito garantia	5%	2,33%	7.837,55	7.308,95

Quadro 4.13 Medição da lucratividade pela TIR e VPL.

---

[66] Ver Lapponi (1996).

Percebe-se que a avaliação do lucro varia em função do parâmetro adotado. Calculando-se os resultados para os fluxos de caixa dos Quadros 4.3, 4.4 e 4.5 para contratos com reajuste anual, tem-se:

Planilha	Lucro sobre o preço L (%)	Taxa interna de retorno (mensal) TIR	Lucro no final do contrato L	Valor presente líquido VPL
Quadro 4.3 – Atraso de pagamento e reajuste anual	5%	-0,10%	-2.751,56	-2565,97
Quadro 4.4 – Retenção sobre parcelas e reajuste anual	5%	0,11%	-1.289,68	-1.202,69
Quadro 4.5 – Depósito garantia e reajuste anual	5%	0,03%	-2.154,50	-2.009,20

Quadro 4.14 Redução da lucratividade do reajustamento anual.

Analisando-se os Quadros 4.13 e 4.14, pode-se observar que:

a) O valor do lucro sobre o preço, na elaboração do orçamento, antes da apuração da despesa financeira, era de 5%, equivalente a $9.662,94.

b) Mesmo em contratos com reajustamento mensal, o resultado contábil cai de $9.662,94 para $8.493,91, saldo final do contrato, devido à despesa financeira. Este mesmo lucro, se considerado à vista, na assinatura do contrato, nas condições do exemplo, seria de $7.960,65.

c) Contratos com L = 5% sobre o preço e reajustamento anual resultam em prejuízo, quando se leva em conta a remuneração que o capital que financiou o contrato poderia receber nos bancos (nas condições financeiras e de acordo com o fluxo de caixa apresentado).

d) Nenhuma das alternativas de reajustamento anual, para o caso da execução de obra com 11 meses de duração, conseguiu atingir a taxa de retorno real de 0,5%, ou seja, seria melhor deixar o dinheiro do construtor no banco, caso a composição do preço partisse de um lucro inicial de apenas 5%, sem a cobrança das despesas financeiras.

4.5 BENEFÍCIOS

Entende-se por benefícios, a inclusão no preço de verba ou provisão para "ajudar" o construtor a cumprir integralmente suas obrigações contratuais.

Os benefícios tornam possível a justa remuneração da obra, ao mesmo tempo em que motivam o construtor. Ciente das muitas dificuldades a serem superadas para que a obra seja entregue nas condições preestabelecidas de custo, prazo e qualidade, a empresa contratante "gentilmente" concorda em embutir uma folga no preço.

O conteúdo da verba de benefícios depende da metodologia de composição do preço utilizada. Numa abordagem simples, características de empresas contratantes, podem ser incluídas a título de benefícios, as despesas financeiras, as despesas comerciais, as incertezas e o lucro do construtor. Numa composição mais detalhada do preço, inclui-se na verba de benefícios apenas as incertezas e o lucro orçado, discriminando-se os demais componentes na fórmula do preço.

O termo benefícios é bastante apropriado à sua função. Não deve ser substituído por lucro e explicitado na composição do preço por duas razões principais:

1. Fator político. Ninguém gosta de pagar explicitamente por lucro. Também é bastante indelicado cobrar lucro de alguém. Praticar esta indelicadeza resultará indubitavelmente na minimização do lucro ou na sua formal extinção.
2. Fator técnico. Os riscos e incertezas na construção civil são de tal ordem que, de fato, não se pode garantir que haverá lucro. Procura-se garantir que haverá a entrega da obra. Existe, e este sim é real, apenas o desejo de se obter lucro, no momento da elaboração do orçamento. Por que cobrar explícita e indelicadamente por algo que talvez nem existirá? Os desafios à obtenção do lucro saltam dos números apresentados no texto.

O acréscimo pago pelo contratante a título de Benefícios deve ser suficiente para reembolsar os gastos nela considerados, podendo resultar na obtenção de lucro por parte do construtor.

4.6 EXERCÍCIOS PROPOSTOS

1) A despesa financeira pode ser detalhadamente calculada (escolha a melhor alternativa):

   ( ) a. Após o conhecimento do cronograma de receitas.
   ( ) b. Após o conhecimento do cronograma de despesas.
   ( ) c. Após o conhecimento dos cronogramas de receitas e despesas.
   ( ) d. Após o conhecimento dos cronogramas de receitas e despesas e da taxa de juros.

2) Examinando-se as contas efetuadas no Quadro 4.1, pode-se concluir (marque V para Verdadeiro ou F para Falso)

   ( ) a. Qualquer alteração isolada no cronograma da receita modifica o valor da despesa financeira.

   ( ) b. Qualquer alteração isolada no cronograma da despesa modifica o valor da despesa financeira.

   ( ) c. Aumentando-se um valor de $1.000 na receita e na despesa de um mesmo mês, modifica-se o valor da despesa financeira.

   ( ) d. Quanto mais cedo se recebe menor a despesa financeira.

   ( ) e. Quanto mais cedo se gasta menor a despesa financeira.

   ( ) f. O resultado financeiro depende da margem de lucro embutida no preço.

   ( ) g. A margem de lucro efetiva depende da despesa financeira.

3) A despesa financeira referente à perda de correção monetária no Quadro 4.2, em relação ao Quadro 4.1, foi de $8.997,91, tendo sido considerada uma taxa de inflação de 0,6% ao mês. Qual será o valor desta perda para uma inflação de 1% ao mês? Nesta nova condição, haveria lucro no final da obra?

4) O cálculo da despesa financeira pode ser efetuado por meio (escolha a melhor alternativa):

   ( ) a. Da movimentação financeira simulada no fluxo de caixa

   ( ) b. Do cálculo da variável F segundo fórmula apresentada no texto

   ( ) c. Multiplicando-se o prazo médio de recebimento pela taxa de juro

   ( ) d. As alternativas A e B estão corretas.

5) Calcule a despesa financeira pela fórmula apresentada no texto, do cenário financeiro apresentado no Quadro 4.1. Adote TF = 0,5 mês e TP = 1,0 mês. Em seguida, por tentativas, calcule qual o valor de TP (meses) para resultar na mesma despesa financeira calculada no texto.

6) Calcule a despesa financeira pela fórmula apresentada no texto, do cenário financeiro apresentado no Quadro 4.2. Adote TF = 0,5 mês e TP = 1,0 mês. Em seguida, por tentativas, calcule qual o valor de TP (meses) para resultar na mesma despesa financeira calculada no texto.

7) O cálculo do risco, de acordo com o texto...(escolha a alternativa correta):
   ( ) a. É subjetivo e irracional.
   ( ) b. É racional e objetivo.
   ( ) c. É subjetivo e racional.
   ( ) d. É objetivo e irracional.

8) A análise quantitativa de risco apresentada no texto... (escolha a alternativa correta):
   ( ) a. Define o risco de qualquer tipo de obra.
   ( ) b. É a verdade que deve ser adotada em qualquer obra de edificações.
   ( ) c. É um estudo de um caso representativo que o autor propõe para aplicação em obras similares.

9) Contingências (escolha a alternativa correta):
   ( ) a. É o componente da taxa de BDI que cria uma reserva para riscos.
   ( ) b. É o componente da taxa de BDI que cria uma reserva para incertezas.
   ( ) c. Não inclui prêmios pagos a companhias seguradoras.

10) Sobre o conceito de lucro (marque V para Verdadeiro ou F para Falso):
   ( ) a. Só pode ser medido pela diferença entre a receita e a despesa.
   ( ) b. Pode ser obtido, mesmo que não incluído explicitamente no preço.
   ( ) c. Retirada pró-labore faz parte do lucro empresarial.

TAXA DE BDI EM CONTRATOS DE EMPREITADA

Este capítulo apresenta dois métodos para a elaboração de orçamentos de obras de construção civil no regime de empreitada. Os encargos sobre os preços são orçados em conjunto com as despesas administrativas e acrescidos ao custo direto da construção, supostamente conhecido.

Custos diretos e despesas indiretas são relacionadas de modo a se obter a taxa de benefícios e despesas indiretas específica de cada contrato.

São dois métodos de cálculo desenvolvidos para a formação do preço de obras, um chamado sintético, que considera que o contratante aceita pagar explicitamente uma quantidade reduzida de despesas, num detalhamento tido como suficiente para o cálculo de BDI de empresas contratantes, e outro chamado analítico, no qual são tratados abertamente mais despesas indiretas, direcionado para o cálculo do orçamento e das taxas de BDI internas dos construtores.

Os métodos são aplicados nos principais casos de mercado, ou seja:
- Taxa única para prestação de serviço global
- Taxa diferenciada para fornecimento de materiais e prestação de serviços especializados em um mesmo contrato
- Taxa única para prestação de serviços especializados
- Taxa única para subempreitada de mão-de-obra
- Taxa única para prestação de serviços

É interessante destacar que para cada nível administrativo da cadeia de produção incide uma taxa de BDI. Uma empresa terceirizada considera em sua proposta custos diretos, despesas indiretas e seus benefícios, que são todos classificados como custo direto pela empresa construtora principal. Despesas indiretas e benefícios atuam em cascata, sendo distribuídos entre os níveis hierárquicos em função do valor de mercado e do poder de negociação de cada empresa.

São calculadas as taxas de BDI reais ou formais, dependendo dos critérios utilizados na entrada dos dados, a partir das sugestões apresentadas no manual.

Caso as taxas obtidas sejam consideradas altas ou baixas, podem ser aplicados os procedimentos de ajuste apresentados no Capítulo 8.

Consulte uma síntese das taxas de BDI calculadas na Quadro 8.5.

5.1 MÉTODO SINTÉTICO PARA CÁLCULO DO BDI

A característica desta metodologia é a objetividade, julgada necessária por muitas empresas contratantes de obras, que não dispõem dos dados internos dos construtores e não desejam considerar explicitamente todas as variáveis.

Utiliza-se a seguinte equação:

Equação 18
Fórmula sintética
da taxa de BDI

$$BDI (\%) = \left[\frac{1 + A + CT}{1 - (B + IE)} - 1\right] \times 100$$

Em que:
A = Despesa administrativa, expressa em decimais.
CT = verba para Contingências, expressa em decimais.
B = Benefícios do construtor, expressos em decimais.
IE = impostos incidentes na contratação por empreitada.

Método sintético – rotina 1 – definição do custo direto

O custo direto já deve ter sido calculado pelo orçamentista.

Esta rotina é aplicável no caso de estar disponível apenas uma estimativa de custo unitário. O custo direto total é calculado para servir de base na elaboração do orçamento.

Equação 19
Estimativa do custo direto

$$C = U \times C_{UNIT}$$

Em que:
U = dimensão principal expressa na unidade un. característica de cada tipo de obra.
C_{unit} = custo direto unitário da obra, expresso em $/un.

Para o setor de edificações, un. é a área construída da obra, expressa em m². Para rodovias, $C = L \times C_{unit}$, em que L é o comprimento da estrada em Km e C_{unit} é o custo médio em $/Km. Para uma estrutura metálica, $C = L \times C_{unit}$, em que L é o peso do aço em Kg e C_{unit} é o custo médio em $/Kg.

Os custos unitários para as obras de referência da Tabela 3.2 são apresentados na Tabela 5.1, na moeda apresentada no primeiro capítulo.

Obras de referência	Custo unitário ($/m²)
Obra 1 – Residência de padrão de acabamento baixo	58,79
Obra 2 – Residência de padrão médio de acabamento	74,72
Obra 3 – Residência de padrão de acabamento médio/alto	104,03
Obra 4 – Residência de padrão de acabamento alto	143,36
Obra 5 – Prédio Residencial de padrão de acabamento baixo	69,41
Obra 6 – Prédio Residencial de padrão de acabamento médio	76,69
Obra 7 – Prédio Residencial de padrão de acabamento médio/alto	94,52
Obra 8 – Prédio Residencial de padrão de acabamento alto	108,46

Tabela 5.1 Custos diretos unitários das obras de referência.

É interessante destacar que estes valores são aproximados, calculados para o desenvolvimento das análises quantitativas do livro. As alternativas seriam a adoção dos valores do CUB – Custo Unitário Básico, calculado pelo Sinduscon de cada Estado do País, dos custos unitários calculados pela Editora Pini ou do Sinapi, do IBGE.

Se, na realidade do leitor, o custo direto unitário for superior ao apresentado, sua taxa de BDI tenderá a ser inferior às calculadas aqui. Caso contrário, suas taxas reais deverão ser superiores às apresentadas no livro.

Método sintético – rotina 2 – custo direto anual

Rotina para cálculo de variável utilizada para efetuar o rateio das despesas centrais na rotina seguinte.

É o custo direto de todas as obras que o construtor espera construir no próximo ano, obtida pela fórmula[67]:

---
[67] O resultado desta fórmula será utilizado na Equação 22.

Equação 20
Custo direto anual

$$C_{anual} = N \times \frac{C}{T} \times 12$$

Em que:
N = número de obras simultâneas da construtora[68]
C = custo direto, em \$/m²
T = prazo da obra, em meses

A fórmula é valida para obras de mesmo custo direto, executadas no mesmo prazo, de forma simultânea e consecutiva. Por exemplo: um empresário poderia afirmar "O custo direto anual de minha empresa é equivalente à construção de três edifícios de 1000 m² a cada 10 meses". Com a fórmula sugerida, o custo direto anual da empresa é rapidamente calculado.

Consulte os custos diretos anuais calculados para as oito empresas construtoras de referência, que executam três obras simultâneas e consecutivas, de cada uma das obras de referência, apresentadas no livro no Quadro 7.4

O método analítico apresenta opções de cálculo mais detalhadas.

Método sintético – rotina 3 – despesa administrativa

Toda despesa administrativa é calculada pela variável A, a ser apresentada ao cliente, que consiste na soma das taxas de administração local (A_L) e central (A_C).

O orçamento da administração local é elaborado considerando-se todo o prazo da obra e a taxa da administração local é calculada pela seguinte equação:

Equação 21
Taxa da administração local

$$A_L (\%) = \frac{AL}{C} \times 100$$

Em que:
A_L = taxa de despesa indireta da administração local, expressa em porcentagem
AL = orçamento da administração local, expresso em \$
C = custo direto da obra, expresso em \$

Consulte o orçamento das despesas mensais e totais de administração local das obras de referência na Tabela 3.4 e os níveis definidos para as taxas A_L na Tabela 3.5.

---

[68] É razoável considerar a existência de três obras simultâneas e consecutivas, quando não se dispõe de dados mais precisos, principalmente no caso de profissionais de empresas contratantes.

O orçamento da administração central é calculado para o período de um ano e representa o total a ser rateado para a obra em estudo. Calcula-se a proporção entre a despesa total e o custo direto de todas as obras da empresa construtora pela equação:

Equação 22
Taxa da administração central

$$AC (\%) = \frac{AC}{C_{anual}} \times 100$$

Em que:
AC = orçamento anual da sede da empresa, expresso em $
C_{anual} = custo direto de todas as obras da empresa a serem construídas no próximo ano, expresso em $
A_C = taxa de despesa indireta central, expressa em porcentagem

Para obter-se o rateio da despesa administrativa correspondente à obra em orçamento, basta multiplicar a taxa A_C pelo custo direto.

As faixas de A de construtores de prédios são as seguintes:

Despesas administrativas	Taxa mínima	Muito baixa	Taxa baixa	Taxa média	Taxa interm.	Taxa alta	Taxa máxima
A_L	5%	6%	7%	8%	10%	12%	15%
A_C	5%	6,5%	8%	10%	12%	13,5%	15%
Total	10%	12,5%	15%	18%	22%	25,5%	30%

Tabela 5.2 Faixas de valores de A para prédios residenciais e comerciais.

Em face da participação financeira elevada deste item na composição do preço, é interessante estudar o ponto de equilíbrio empresarial no Capítulo 7.

Método sintético – rotina 4 – provisão para contingências

Os riscos de execução da obra, listados no Quadro 4.8, são incluídos no preço através da estimativa do impacto destes riscos durante a execução da obra, na forma de uma provisão ou verba.

Trata-se de uma estimativa complexa, cujo estudo detalhado não se aplica a este método sintético. Adote para a variável CT, a verba para contingências, uma das faixas da Tabela 4.2, obtidas em estudo de caso conduzido pelo autor.

Método sintético – rotina 5 – definição dos benefícios

A rotina para a definição da provisão para benefícios, neste método, agrupa o orçamento das despesas financeiras, das despesas comerciais, das incertezas apresentadas no Quadro 4.9 e do lucro, numa variável única, numa abordagem usual do mercado.

É interessante para o contratante, discutir ou aplicar um parâmetro único, ao invés de discutir isoladamente cada um destes componentes.

No entanto, como o manual dispõe do estudo detalhado de todas as variáveis, apresenta-se a fórmula de cálculo e as faixas de aplicação.

A taxa de benefícios do construtor é calculada pela seguinte equação:

Equação 23
Benefícios,
no método sintético

$$B = F + DC + L + IZ$$

As faixas de benefícios, neste método, são as seguintes:

Benefícios	Taxa mínima	Muito baixa	Taxa baixa	Taxa média	Taxa interm.	Taxa alta	Taxa máxima
F Desp. financeira	0,01%	0,08%	0,1%	0,4%	1,42%	2,56%	5,1%
DC Desp. comercial	0%	0,7%	1,05%	1,4%	2,8%	4,2%	7%
L Lucro líquido	0,76%	1,52%	2,28%	3,04%	4,56%	6,08%	7,6%
IZ Incertezas	0%	0,35%	0,7%	1,4%	2,61%	4,43%	13,3%
Total	0,77%	2,65%	4,13%	6,24%	11,39%	17,27%	33%

Tabela 5.3 Valores de B no método sintético.

Método sintético – rotina 6 – definição das despesas tributárias

No método sintético, a adoção dos impostos é efetuada pelo sistema de lucro presumido. O lucro líquido é incluído na verba de benefícios e o imposto de renda sobre o lucro e a contribuição social sobre o lucro líquido incidentes sobre o preço fazem parte das despesas tributárias.

Para prestação de serviço global, incluindo o fornecimento de materiais de construção e mão-de-obra, no regime de empreitada, tem-se a seguinte carga tributária[69]:

---

[69] O imposto de renda e o ISS não são genéricos e exigem mais atenção na definição da carga tributária.

Impostos	Alíquota sobre o preço
Cofins	3%
PIS	0,65%
Imposto de renda	1,2%
CSLL	1,08%
CPMF	0,38%
ISS[70]	2,81%
Total	**9,12%**

Tabela 5.4 Valores de impostos na metodologia sintética.

O total da Tabela 5.4 deve ser ajustado para cada orçamento, seguindo-se o cálculo ilustrado no item Ilustração dos Cálculos de X e Y, no item 3.3.4.

Os impostos não são calculados pelo lucro real devido à dificuldade de se definir esta variável, especialmente por parte dos contratantes, que dependem de dados personalizados sujeitos a grande variação em função de decisões estratégicas das empresas construtoras.

Método sintético – rotina 7 – cálculo da taxa de BDI

Aplicando-se a Equação 18 nas faixas de dados apresentados no texto, obtêm-se os seguintes resultados, para prestação de serviço global:

Mensal	Taxa mínima	Muito baixa	Taxa baixa	Taxa média	Taxa interm.	Taxa alta
I+A+CT	1,10570	1,13540	1,16460	1,20360	1,25020	1,31410
I – (B+IE)	0,90110	0,88230	0,86750	0,84640	0,79490	0,73610
BDI	**22,71%**	**28,69%**	**34,25%**	**42,2%**	**57,28%**	**78,52%**

Quadro 5.1 Níveis de referência de BDI para contratos com reajuste mensal.

Observação: estes números foram obtidos com base no custo direto da obra, listando-se na WBS apenas os serviços de construção, não sendo necessariamente os números que aparecem oficialmente em propostas e contratos. Examine alternativas de redução no Capítulo 8.

---

[70] O ISS precisa ser ajustado para o valor do município do local da obra.

A interpretação destes dados é a seguinte:

BDI MIN. É a taxa de BDI para o caso limite e teórico da execução de obras de grande porte (C > $1.000.000) executadas por construtores de grande porte (AC > $1.400.000), trabalhando em condições financeiras favoráveis, sem lucro e sem margem de segurança. Aplicada sobre uma estimativa precisa de custo de materiais e mão-de-obra, a taxa BDI MIN gera o preço inexeqüível. Aplicada em obras e empresas menores, a aplicação de BDI MIN irá gerar prejuízo ao construtor, caso a obra seja executada com qualidade, no prazo e atendendo todas as normas técnicas e exigências legais.

BDI MED. – É a taxa de BDI considerada normal para o caso de obras de médio porte (C em torno de $350.000) executadas por construtores de médio porte (AC em torno de $700.000), trabalhando em condições financeiras razoáveis e embutindo margem de segurança em seu preço.

BDI INTERM. e BDI ALT. são taxas de BDI (chamadas de intermediária e alta) para obras pequenas, inclusive de reformas, onde são embutidas margens de lucratividade e segurança.

BDI MBAI. e BDI BAI. são taxas de BDI (chamadas de muito baixa e baixa) para obras de porte médio e grande, com restrições na adoção de margens de segurança e lucro, em face de concorrência elevada e de baixo nível de aversão aos riscos.

5.2 MÉTODO ANALÍTICO PARA CÁLCULO DO BDI

A característica deste método é o maior detalhamento das variáveis e a busca de maior precisão, enfoque que precisa ser utilizado pelo construtor, quer seja na composição de seu orçamento interno ou na análise de preços oferecidos por empresas contratantes.

Caso o contratante tenha um nível técnico alto e uma política de parceria eficiente na contratação de obras, é provável que aceite pagar o preço de forma mais detalhada, caso em que o preço pode ser apresentado por este método analítico.

Todos os parâmetros relacionados com a composição do preço são livremente considerados e apresentados[71], para que possam ser analisadas as possibilidades de se oferecer descontos e para que exista um maior detalhamento para fundamentar eventuais reivindicações.

---

[71] Exceto o lucro e os itens de incerteza, listados no Quadro 4.9, que são agrupados.

Equação 24
Taxa analítica de BDI
no regime de lucro
presumido

$$BDI\,(\%) = \left[\frac{1 + A_L + A_C + CT}{1 - (B + IE + F + DC)} - 1\right] \times 100$$

Taxa de BDI para empreitada e Lucro Real:

Equação 25
Taxa analítica de BDI
no regime de lucro
real

$$BDI\,(\%) = \left[\frac{1 + A_L + A_C + CT}{1 - (B_{BRU} + IE_{LR} + F + DC)} - 1\right] \times 100$$

Em que:
Taxa de BDI para empreitada e lucro presumido:
A_L = taxa de administração local, expressa em decimal.
A_C = taxa de administração central, expressa em decimal.
CT = verba para contingências, expressa em decimal.
B = benefícios do construtor, composto pela taxa de provisão para incertezas e pela taxa de lucro líquido.
IE = carga de impostos incidentes sobre o preço de empreitada no lucro presumido, expressa em decimal.
F = taxa que insere a despesa financeira no preço, expressa em decimal.
DC = despesa comercial, expressa em decimal.
B_{BRU} = benefícios do construtor, composto pela taxa de provisão para incertezas e pela taxa de lucro bruto, expressa em decimal.
IE_{LR} = carga de impostos incidentes sobre o preço de empreitada no lucro real, expressa em decimal.

Método analítico – rotina 1 – definição do custo direto

O custo direto da obra (C) já deve ter sido calculado pelo orçamentista.

Caso não esteja disponível, sugere-se a adoção dos procedimentos apresentados na rotina 1 do método sintético.

Método analítico – rotina 2 – custo direto anual

O custo direto anual é utilizado para ratear as despesas da administração central entre as obras da construtora. Ele pode ser obtido pela consulta à contabilidade ou pela projeção de obras do construtor conforme descrito a seguir.

Por meio da contabilidade

Pesquisar com o auxílio do contador da empresa construtora:

- O total de materiais de construção comprados nos últimos 12 meses.
- O total dos custos com depreciação ou locação de equipamentos diretos de produção nos últimos 12 meses.
- O total de custos com folha de pagamentos e encargos sociais dos últimos 12 meses, acrescentando-se a previsão referente aos direitos trabalhistas (ainda não pagos) dos operários que trabalharam neste período.
- O total de pagamentos feitos a subempreiteiros de mão-de-obra.

Os dados dos meses anteriores poderão ser corrigidos monetariamente até o mês da elaboração do orçamento. Este total será chamado de C_{anual}.

Por meio da projeção de obras futuras

Projetar o custo direto das obras do construtor a serem realizados nos próximos 12 meses, da seguinte forma:

1. Identifique as obras em execução na sua empresa.
2. Identifique as obras que estão iniciando no mês do orçamento.
3. Identique as obras que deverão ser iniciadas no transcorrer dos próximos 12 meses.
4. Construa um gráfico de barras que represente o andamento destas obras, tendo como referência o mês do orçamento (suposto o mês atual) e o décimo-segundo mês a partir dele.

O gráfico deverá ficar parecido com o seguinte:

Obras	Próximos meses																				
	-4	-3	-2	-1	1	2	3	4	5	6	7	8	9	10	11	12	13	14	15	16
Obra 1																				
Obra 2																				
Obra 3																				
Obra n																				
				Data							Um ano após									
				Orçamento							Orçamento									

Figura 5.1 Planejamento da produção de empresa construtora.

5. Pesquise o preço cobrado pelas obras e classifique-os em três categorias.

Obras	Preço já faturado ($)	Preço a cobrar no próximo ano ($)	Preço a cobrar a partir do 13° mês ($)
Obra 1 (em andamento)	900.000	300.000	
Obra 2 (iniciando este mês)		700.000	400.000
Obra 3 (a iniciar nos próximos 12 meses)		200.000	400.000
Obra n			
Total	900.000	1.200.000	800.000
Faturamento anual		**1.200.000**	

Quadro 5.2 Previsão de receita anual.

6. Pesquise a taxa de BDI de cada uma das obras e calcule seus custos diretos, atualizando os dados seguindo a mesma classificação.

Obras	Custo direto do ano passado ($)	Custo direto no próximo ano ($)	Custo direto a partir do 13° mês ($)
Obra 1 (em andamento)	643.000	214.000	
Obra 2 (iniciando este mês)		518.000	296.000
Obra 3 (a iniciar nos próximos 12 meses)		133.000	266.000
Obra n			
Total	643.000	865.000	562.000
Custo direto anual		**865.000**	

Quadro 5.3 Projeção de custo direto anual.

Caso nenhuma das duas alternativas apresentadas possam ser executadas, podem ser adotados os procedimentos definidos na rotina 2 do método sintético.

Método analítico – rotina 3 – despesa administrativa

Elabore o orçamento detalhado da administração local (AL) para todo o prazo de execução da obra, consultando a lista de referência das páginas 47 e 48, e os itens mais comuns e seus valores na Tabela 3.3.

Para fins de comparação, examine os orçamentos da administração local das obras de referência, na Tabela 3.4.

De posse do orçamento detalhado AL, calcule a taxa de administração local pela Equação 21:

$$AL\ (\%) = \frac{AL}{C} \times 100$$

Em que:
A_L = taxa de despesa indireta da administração local, expressa em porcentagem.
C = custo direto da obra, expresso em $.

Elabore o orçamento anual detalhado da administração central (AC), consultando a lista de referência das páginas 53 e 54, e os itens mais comuns e seus valores na Tabela 3.6.

Para fins de comparação, examine os orçamentos anuais da administração central das obras de referência, na Tabela 3.7.

De posse do orçamento detalhado da administração central (AC), calcule a taxa de administração central pela Equação 22:

$$A_C\ (\%) = \frac{AC}{C_{anual}} \times 100$$

Em que:
A_C = taxa de despesa indireta central, expressa em porcentagem.
C_{anual} = custo direto de todas as obras da empresa a serem construídas no próximo ano expresso em $.

Método analítico – rotina 4 – provisão para contingências

Examine o raciocínio utilizado para calcular os impactos dos riscos e as faixas de risco sugeridas.

Analise os itens discriminados no Quadro 4.8 e avalie as probabilidades item a item, e os impactos orçados para cada um deles, criando sua taxa de risco personalizada.

Caso não seja possível, adote um dos níveis de contingências (CT) definidos na Tabela 4.2.

Método analítico – rotina 5 – definição da despesa financeira

Caso tenha conhecimentos de matemática financeira, e não necessite fundamentar seu cálculo para terceiros, desenvolva para seu orçamento o mesmo raciocínio de cálculo utilizado no início do Capítulo 4, Quadros 4.1 a 4.5. Será possível orçar a despesa financeira em vários cenários, e também na condição específica do seu orçamento.

Um cálculo mais simples pode ser desenvolvido pelas fórmulas financeiras apresentadas:

- No caso de contrato com reajustamento mensal, calcule o valor de F_I, (Equações 10 a 13).
- No caso de contrato com reajuste anual, calcule também o valor de F_J, (Equações 14 a 17).

A despesa financeira F será a soma destas duas variáveis (Equação 9).

Caso não queira utilizar a fórmula financeira, nem desenvolver uma análise por meio do fluxo de caixa, utilize as faixas de F definidas na Tabela 4.1.

Método analítico – rotina 6 – definição da despesa comercial

Deve ser elaborado o orçamento anual das despesas comerciais da empresa construtora, nos moldes do apresentado no Quadro 3.3.

O valor orçado deve ser dividido pela previsão de receita anual.

Caso não seja possível elaborar um orçamento comercial, adote as taxas indicadas na Tabela 3.13.

Método analítico – rotina 7 – definição das incertezas

Examine o raciocínio utilizado para calcular os impactos das incertezas e as faixas de incerteza sugeridas.

Analise os itens discriminados no Quadro 4.9 e avalie as probabilidades item a item, e os impactos orçados para cada um deles, criando sua taxa de incerteza personalizada.

Caso não seja possível, adote um dos níveis de incerteza (IZ) definidos na Tabela 4.3.

Método analítico – rotina 8 – definição do lucro

Decida se pretende trabalhar com o sistema tributário do lucro estimado ou do lucro real.

Se adotar o lucro presumido, defina o valor de L, lucro líquido que deseja incluir no orçamento. Se optar pelo lucro real, defina o valor de lucro bruto a considerar no cálculo.

Para calcular o lucro bruto a partir de um lucro líquido desejado, utilize a seguinte fórmula:

Equação 26
Lucro bruto a partir
do lucro líquido desejado

$$L_{BRU} = \frac{L}{(1 - IR - CS)}$$

Em que:
IR = imposto de renda da pessoa jurídica.
CS = contribuição social sobre o lucro líquido.

Método analítico – rotina 9 – definição dos benefícios

O valor dos benefícios no método analítico é a soma das incertezas e do lucro, conforme definido nas Equações 27 e 28.

Equação 27
Benefício no método
analítico e lucro
presumido

$$B = IZ + L$$

Equação 28
Benefícios no método
analítico e lucro real

$$B_{BRU} = IZ + LBRU$$

Em que:
IZ = taxa de incerteza definida para o contrato.
L = lucro líquido orçado.
L_{BRU} = lucro bruto calculado com base no lucro líquido desejado, para o regime de lucro real.
B = taxa de benefícios do contrato calculada com o lucro líquido.
B_{BRU} = taxa de benefícios do contrato calculada com o lucro bruto.

Examine os níveis sugeridos para o lucro na Tabela 4.4 e a taxa de incerteza definida na rotina 7. Não se esqueça de avaliar a noção de valor do cliente.

Se tiver conhecimentos de matemática financeira, defina o valor de L através de simulações no fluxo de caixa, com a ajuda dos métodos TIR ou VPL. Ajuste o valor, por tentativas, até encontrar a lucratividade líquida desejada.

Método analítico – rotina 10 – definição das despesas tributárias

A opção entre o regime tributário do lucro presumido e do lucro real já foi efetuada. A taxa IE, impostos na empreitada, é a soma dos impostos relacionados com o preço.

Sendo, no lucro presumido:

Equação 29
Despesas tributárias – empreitada e lucro presumido

$$IE = ISS + Cofins + PIS + CPMF + IR + CSLL$$

Sendo, no lucro real:

Equação 30
Despesas tributárias – empreitada e lucro real

$$IE_{LR} = ISS + Cofins + PIS + CPMF$$

Em que:
Cofins = contribuição para o fundo de investimento social, devendo ser lançada sua incidência efetiva sobre a receita, resultado da multiplicação da alíquota do imposto pelo seu percentual de incidência.
PIS = Plano de Integração Social, considerado como o Cofins.
IR = imposto de renda da pessoa jurídica, calculado com base na alíquota do lucro presumido sobre o preço, ou já tendo sido considerado dentro do lucro bruto, no caso de lucro real.
CSLL = contribuição social sobre o lucro, considerado como o IR.
CPMF = contribuição provisória sobre movimentações financeiras. Como a receita da empresa é depositada nos bancos, o imposto incide sobre a receita bruta da empresa.
ISS = imposto sobre serviços que incide sobre a receita de mão-de-obra em alíquotas específicas de cada município.

Método analítico – rotina 11 – cálculo da taxa de BDI

Utilize a Equação 24 para o cálculo da taxa de BDI para empreitada no sistema de lucro presumido. Utilize a equação 25 para o cálculo da taxa de BDI para empreitada no sistema de lucro real.

5.3 MEMÓRIA DE CÁLCULO DO MÉTODO SINTÉTICO

Demonstração do cálculo da taxa de BDI para um edifício residencial de padrão médio-alto com 5.400 m² de área equivalente de construção.

Premissas adotadas neste cálculo:
- Obra 7, definida na Tabela 3.1.
- Trata-se de proposta de prestação de serviço global.
- Correção monetária mensal.
- Será adotado o sistema de lucro presumido.
- A equipe de mão-de-obra é do próprio construtor, sem terceirização.

Método sintético – rotina 1 – definição do custo direto

Com base na Equação 19 $C = U \times C_{UNIT}$

Sendo: $U = 5.400,00 \text{ m}^2$ $C_{UNIT} = \$94,52/\text{m}^2$, da Tabela 5.1, Obra 7
$C = 5.400,00 \times 94,52 = \$510.408,00$

Método sintético – rotina 2 – custo direto anual

Da Equação 20:

$$C_{anual} = N \times \frac{C}{T} \times 12$$

Em que:
N, número de obras simultâneas da construtora, igual a 3.
C = custo direto da obra, $510.408,00, da rotina anterior.
T = prazo da obra = 18 meses, Tabela 3.1

$$C_{anual} = 3 \times \frac{\$510.408,00}{18} \times 12 = \$1.020.816,00$$

Método sintético – rotina 3 – despesa administrativa

A é a despesa administrativa, a soma das taxas de administração local (A_L) e administração central (A_C).

A administração local é calculada pela equação 21:

$$A_L (\%) = \frac{AL}{C} \times 100$$

Em que:
AL = orçamento da administração local, sendo adotada, nesta análise sintética, a despesa mensal de $1.597,04, apresentada na Tabela 3.4. Para um prazo de obra de 18 meses, AL = 18 × 1.597,04 = $28.746,72.
C = custo direto da obra, já calculado em $510.408,00.

$$A_L (\%) = \frac{28.746,72}{510.408,00} \times 100 = 0,0563 \times 100 \qquad A_L (\%) = 5,63\%$$

A administração central é calculada pela Equação 22:

$$A_C (\%) = \frac{AC}{C_{anual}} \times 100$$

Em que:
AC é o orçamento administrativo da sede da empresa, será adotado, nesta análise sintética, o valor mensal de $7.477,09 apresentado na Tabela 7, resultando em um orçamento anual de 7.477,09 x 12 = 89.725,08.

C_{anual} já conhecido na rotina 2, é de $1.020.816,00

$$A_C (\%) = \frac{89.725,08}{1.020.816,00} \times 100 = 0,0879 \qquad A_C (\%) = 8,79\%$$

$A (\%) = A_L (\%) + A_C (\%) = 5,63\% + 8,79\% = 14,42\%$

Método sintético – rotina 4 – provisão para contingências

CT é a verba para contingências, para inclusão dos riscos do contrato.

Nesta análise sintética, será adotado o percentual sugerido para risco médio, de 2,36%, na Tabela 4.2.

Método sintético – rotina 5 – definição dos benefícios

B é a taxa de benefícios do construtor, composta, neste caso, pelas variáveis apresentadas na Tabela 5.3.

A obra será construída em contrato com reajustamento mensal.

Nesta análise sintética, a taxa de benefícios será composta com todos os parâmetros do nível médio, ou seja, B = 6,24%.

Método sintético – rotina 6 – despesas tributárias

No método sintético, a adoção dos impostos deverá ser efetuada no sistema de lucro presumido.

Existe a necessidade de calcular a incidência do ISS sobre o preço, sendo a alíquota para o município da obra é de 5%. Seguindo o raciocínio apresentado no texto, tem-se:

Detalhamento da estrutura do preço:

O custo direto total, C, é $510.408,00.

O custo de mão-de-obra é conhecido através do orçamento da obra. Em nosso caso, temos o valor de $136.944,00, apresentado na Tabela 3.2.

Segue que o custo de materiais de construção é de:

510.408,00 – 136.944,00 = 373.464,00

Será estimada uma taxa de BDI de 30%, que depois de calculada, deverá ser substituída neste ponto, em um cálculo iterativo, a ser efetuado até se estabilizar.

Define-se, assim, a estrutura preliminar do preço:

Material de Construção	$373.464,00	
Mão-de-obra	$136.944,00	
Custo	$510.408,00	(100%)
Lucro Orçado e Indiretos	$153.122,40	(30%)
Preço	$663.530,40	(130%)
Base de cálculo ISS	663.530,40 - 373.464,00 = 290.066,40	
Base	290.066,40/663.530,40 = 43,72%	

Adotando-se a alíquota de ISS da cidade de Curitiba-PR de 5%, tem-se:

ISS   43,72% x 5% = 2,19% do preço

Para fornecimento de materiais e mão-de-obra, no regime de empreitada, na condição proposta, tem-se a seguinte carga tributária

Impostos	Alíquota sobre o preço
Cofins	3%
PIS	0,65%
Imposto de renda	1,2%
CSLL	1,08%
CPMF	0,38%
ISS	2,19%
Total	**8,5%**

Quadro 5.4 Despesa tributária no item 5.3.

Método sintético – rotina 7 – cálculo da taxa de BDI

Aplicando-se a Equação 18, com a adoção dos dados calculados para as faixas de incidência dos parâmetros apresentados no texto, obtêm-se os seguintes resultados:

$$BDI (\%) = \left[\frac{1 + A + CT}{1 - (B + IE)} - 1\right] \times 100$$

$$BDI (\%) = \left[\frac{1 + 0,1442 + 0,0236}{1 - (0,0624 + 0,0850)} - 1\right] \times 100$$

$$BDI\,(\%) = \left[\frac{1,1678}{1-(0,1474)} - 1\right] \times 100$$

$$BDI\,(\%) = \left[\frac{1,1678}{0,8526} - 1\right] \times 100$$

$$BDI\,(\%) = [0,3697] \times 100 = 36,97\%$$

Cálculo iterativo

Substituindo o BDI estimado inicialmente de 30% no cálculo do ISS, pelo BDI calculado de 36,97%, obtém-se a taxa de BDI de 37,19%.

Alterando-se o BDI de 36,97% para 37,19% no cálculo do ISS, obtém-se o BDI de 37,19%, estabilizando-se a iteração e finalizando-se o cálculo, com BDI = 37,19%.

A alíquota do ISS, no BDI final passa de 2,19% para 2,33%, e a carga tributária total passa de 8,5% para 8,64%.

$$BDI\,(\%) = \left[\frac{1 + 0,1442 + 0,0236}{1 - (0,0624 + 0,0864)} - 1\right] \times 100$$

$$BDI\,(\%) = \left[\frac{1,1678}{1-(0,1488)} - 1\right] \times 100$$

$$BDI\,(\%) = \left[\frac{1,1678}{0,8512} - 1\right] \times 100$$

$$BDI\,(\%) = [0,3719] \times 100 = 37,19\%$$

Preço calculado

$$P = C \times (1 + BDI\,(\%)/100)$$
$$P = 510.408,00 \times (1 + 37,19/100) = \$700.228,74$$
$$P = \$700.228,74$$

Composição do preço

Pode-se agora calcular os detalhes da composição do Preço:

Partindo do custo direto de $510.408,00, obtém-se:

Administração Local	$510.408,00 x 5,63%	$28.735,97
Administração Central	$510.408,00 x 8,79%	$44.864,86
Contingências	$510.408,00 x 2,36%	$12.045,63

Partindo do preço calculado, obtém-se:

Benefícios	$700.228,74 x 6,24%	$43.694,27
Impostos	$700.228,74 x 8,64%	$60.499,76

Somando-se os componentes: $700.248,49, resultando em uma diferença de $19,75 a maior, em função do arredondamento das porcentagens para apenas duas casas decimais.

Os valores precisos seriam obtidos trabalhando-se com mais casas decimais, caso interessante para obras de alto valor. Sugere-se considerar as diferenças de arredondamento na verba de contingências, na hipótese de se optar para trabalhar na precisão convencional, resultando-se na seguinte composição do preço. Verba de contingências ajustada: $12.045,63 – $19,75 = $12.025,88.

Analisando-se o detalhe da verba de benefícios, apresentado na planilha a seguir, pode-se fazer uma observação interessante: descontadas as despesas comerciais e as incertezas da economia que todo o empresário enfrenta, e isolando o lucro líquido, percebe-se que, dentro do cálculo deste preço, o governo terá um lucro líquido mais de duas vezes superior ao da empresa construtora. (60.499,76 quase 3 x 21.286,96)

Itens	Valores	Taxa sobre custo	Taxa sobre preço
Custo	$510.408,00	100%	72,89%
Administração	$73.600,83	14,42%	10,51%
Contingências	$12.025,88	2,36%	1,72%
Benefícios	$43.694,27	8,56%	6,24%
Despesas tributárias	$60.499,76	11,85%	8,64%
Total	**$700.228,74**	**137,19%**	**100%**

Quadro 5.5 Preço e taxa de BDI no item 5.3.

Benefícios	Preço	Taxas	Verbas
Despesa financeira	700.228,74	0,4%	2.800,91
Despesa comercial	700.228,74	1,4%	9.803,20
Lucro líquido	700.228,74	3,04%	21.286,96
Incertezas	700.228,74	1,4%	9.803,20
Total		**6,24%**	**43.694,27**

Quadro 5.6 Benefícios no item 5.3.

Análise de oferta de obra pública no preço máximo de $700.228,74

Descontando-se os componentes básicos do preço, pode-se calcular a margem de segurança preliminar oferecida pelo contratante.

Itens	Valores	Taxa sobre custo	Taxa sobre preço
Preço	**$700.228,74**	**137,19%**	**100%**
Itens básicos:			
Custo	$510.408,00	100%	72,89%
Administração	$73.600,83	8,79%	6,41%
Despesas tributárias	$60.499,76	11,85%	8,64%
Despesas comerciais	$9.803,20	1,92%	1,4%
Subtotal	$654.311,79	128,19%	93,44%
Margem de segurança	**$45.916,95**	**9%**	**6,56%**

Quadro 5.7 Cálculo da margem de segurança preliminar no item 5.3.

Restam $45.916,95 para cobertura dos riscos, incertezas, despesas financeiras e lucro orçado.

5.4 MEMÓRIA DE CÁLCULO DO MÉTODO ANALÍTICO

Demonstração do cálculo da taxa de BDI para um edifício residencial de padrão médio-alto com 5.400 m² de área equivalente de construção, a mesma obra do item anterior.

Premissas adotadas neste cálculo:

- Obra 7, definida na Tabela 3.1.
- Trata-se de proposta de prestação de serviço global.
- Correção monetária mensal.
- Será adotado o sistema de lucro real.
- A equipe de mão-de-obra é do próprio construtor, sem terceirização.

Método analítico – rotina 1 – definição do custo direto

Foi elaborado um levantamento detalhado do custo direto dos serviços de construção que resultou em C = $510.408,00.

Método analítico – rotina 2 – custo direto anual

O Departamento de Planejamento do construtor prevê que o volume de custo direto da empresa para os próximos 12 meses será de $1.020.816,00. De acordo com a contabilidade, apurou-se que o custo direto dos últimos 12 meses foi de $850.000. No entanto, os contratos atuais e a previsão de novos negócios confirmam a expectativa de um crescimento de cerca de 20%, conforme planejado.

$$C_{anual} = \$1.020.816,00$$

Método analítico – rotina 3 – despesa administrativa

Foi elaborado o orçamento detalhado da administração local.

Orçamento da administração local

Descrição DI	Un.	Quant.	P. unit.	P. total
Instalações				
Tel. fixo (assinat./locação)	mês	18	3,72	66,96
Acesso Internet	mês	18	2,48	44,64
Equipamentos administrativos				—
Computador (loc./deprec.)	mês	18	12,39	223,02
Tel. celular (assinat./deprec.)	mês	18	3,1	55,80
Equip. escritório (loc./deprec.)	mês	18	37,17	669,06
Camioneta 0,5 ton	mês	18	117,72	2.118,96
Pessoal administrativo				
Gerente de obra	mês	18	309,79	9.814,15
Mestre geral	mês	18	150	4.752,00
Vigia de obras	mês	18	62,45	1.978,42
Almoxarife de obra	mês	18	52,04	1.648,63
Apontador	mês	18	52,04	1.648,63
Servente adm.	mês	18	43,37	1.373,96
Consumos administrativos				
V. transp. pessoal adm.	mês	18	49,57	892,26
Alimentação pessoal adm.	mês	18	44,61	802,98
EPI pessoal adm.	mês	18	6,2	111,60

Taxa de BDI em contratos de empreitada

Assistência médica	mês	18	18,59	334,62
Material de escritório	mês	18	12,39	223,02
Cópias helio/xerox	mês	18	9,91	178,38
Malote	mês	18	12,39	223,02
Material copa e limpeza	mês	18	6,2	111,60
Conta de luz	mês	18	24,78	446,04
Conta de água	mês	18	11,15	200,70
Conta de telefone	mês	18	20	360,00
Carretos (unidade)	mês	1,8	12,39	22,30
Outras despesas	mês	18	24,78	446,04
Total				**28.746,79**

Quadro 5.8 Orçamento da administração local no item 5.4.

A administração local é calculada através da Equação 21:

$$A_L(\%) = \frac{AL}{C} \times 100 \qquad A_L = \$28.746,79$$

$$A_L(\%) = \frac{28.746,79}{510.408,00} \times 100 = 0,0563 \times 100 \qquad A_L(\%) = 5,63\%$$

Foi elaborado o orçamento detalhado para a administração central:

Orçamento da administração central

Descrição DI	Un.	Quant.	Meses	Unit.	P. total
Instalações					
Escritório – Locação/Cond./IPTU	mês	1	12	185,87	R$2.230,44
Depósito – Locação/Cond./IPTU	mês	1	12	123,92	R$1.487,04
Mobiliário/ decoração (deprec.)	mês	1	12	61,96	R$743,52
Manutenção escrit.	mês	1	12	18,59	R$223,08
Acesso Internet rápida	mês	1	12	19,83	R$237,96
Telef. fixo (assinat/locação)	mês	5	12	4,96	R$297,60
Equipamentos administrativos					
Automóvel (deprec./manut.):	mês	1	12	179,68	R$2.156,16
Máq. xerox (dep./loc.)	mês	0,5	12	123,92	R$743,52

Computador (loc./deprec.)	mês	6	12	16,11	R$1.159,92
Tel. celular (assinat./deprec.)	mês	2	12	3,1	R$74,40
Fax (depreciação)	mês	2	12	1,49	R$35,76
Máq. esc./calcular (dep./loc.)	mês	7	12	0,99	R$83,16
Pessoal administrativo					
Diretor	mês	2	12	867,41	R$24.981,41
Gerente técnico/administ./financeiro	mês	1	12	475,84	R$10.049,74
Técnico de planejamento	mês	1	12	184,14	R$3.889,04
Comprador	mês	1	12	247,83	R$5.234,17
Enc. administrativo	mês	1	12	210,66	R$4.449,14
Auxiliar administrativo	mês	1	12	86,74	R$1.831,95
Almoxarife	mês	1	12	61,96	R$1.308,60
Secretária	mês	1	12	216,48	R$4.572,06
Recepcionista	mês	1	12	61,96	R$1.308,60
Telefonista	mês	1	12	61,96	R$1.308,60
Copeira/zelador	mês	1	12	30,98	R$654,30
Office-boy	mês	2	12	43,37	R$1.831,95
Serviços terceirizados					
Assessoria contábil	mês	1	12	123,92	R$1.487,04
Assessoria de informática	mês	1	12	123,92	R$1.487,04
Assessoria jurídica	mês	1	12	86,74	R$1.040,88
Consumos administrativos					
Alimentação pessoal adm.	mês	1	12	210,66	R$2.527,92
V. transp. pessoal adm.	mês	1	12	99,13	R$1.189,56
Desenv. profissional	mês	1	12	55,76	R$669,12
Material de escritório	mês	1	12	123,92	R$1.487,04
Cópias helio/xerox	mês	1	12	24,78	R$297,36
Material copa e limpeza	mês	1	12	18,59	R$223,08
Seguros	mês	1	12	74,35	R$892,20
Despesas bancárias	mês	1	12	49,57	R$594,84
Despesas postais	mês	1	12	18,59	R$223,08
Tx sindicatos/Crea/afins	mês	1	12	30,98	R$371,76
Contas de luz e água	mês	1	12	58,86	R$706,32
Conta de telefone	mês	5	12	61,96	R$3.717,60
Verba para viagens	mês	1	12	86,74	R$1.040,88
Jornais/livros/revistas	mês	1	12	11,15	R$133,80
Outras despesas	mês	1	12	61,96	R$743,52
				Total	**R$89.725,16**

Quadro 5.9 Orçamento da administração central no item 5.4.

$$AC = \$89.725,16$$

No orçamento administrativo, foi considerado um acréscimo de 20% nas retiradas pró-labore do diretor da empresa e um acréscimo de 76% de encargos sociais sobre os salários do pessoal administrativo.

A administração central é calculada pela Equação 22:

$$A_C (\%) = \frac{AC}{C_{anual}} \times 100$$

C_{anual}, já conhecido na rotina 2, é $1.020.816,00$.

$$A_C (\%) = \frac{89.725,16}{1.020.816,00} \times 100 = 0,0879 \quad A_C (\%) = 8,79\%$$

Método analítico – rotina 4 – provisão para contingências

CT é a verba para contingências, para inclusão dos riscos do contrato.

Adotado o percentual sugerido para risco médio, de 2,36%, na Tabela 15.

Método analítico – rotina 5 – despesa financeira

a) Estima-se a taxa de BDI do contrato, neste momento ainda não conhecida, em 40%.
b) Calcula-se o preço do contrato, sabendo-se que P = C x (1 + BDI (%)/100).
   P = 510.408,00 x (1 + 40/100) = 510.408,00 x 1,40 = $714.571,20
c) Estima-se o lucro orçado do contrato L, ou a proporção do lucro sobre o custo direto ou sobre o preço, obtendo-se o PFL (preço fora o lucro).

Adotando-se a faixa média sugerida para o lucro bruto sobre o preço, L = 4,00%.

$$L = 714.571,20 \times 4\% = \$28.582,85$$

Da Equação 10, PFL = P - L

$$PFL = 714.571,20 - 28.582,85 = \$685.988,35$$

d) Calcula-se o FRP

FRP = Fator de Redução do Preço

Taxa de Inflação: 0,5% ao mês

Valor médio das 18 parcelas: 714.571,20/18 = $39.698,40

Valor deflacionado da parcela 1 = $39.698,40/(1+0,005)^1$ = 39.499,91
Valor deflacionado da parcela 2 = $39.698,40/(1+0,005)^2$ = 39.305,39
Valor deflacionado da parcela 3 = $39.698,40/(1+0,005)^3$ = 39.106,89
Valor deflacionado da parcela 4 = $39.698,40/(1+0,005)^4$ = 38.912,37
Valor deflacionado da parcela 5 = $39.698,40/(1+0,005)^5$ = 38.721,82
Valor deflacionado da parcela 6 = $39.698,40/(1+0,005)^6$ = 38.527,30
Valor deflacionado da parcela 7 = $39.698,40/(1+0,005)^7$ = 38.336,74
Valor deflacionado da parcela 8 = $39.698,40/(1+0,005)^8$ = 38.146,19
Valor deflacionado da parcela 9 = $39.698,40/(1+0,005)^9$ = 37.955,64
Valor deflacionado da parcela 10 = $39.698,40/(1+0,005)^{10}$ = 37.765,09
Valor deflacionado da parcela 11 = $39.698,40/(1+0,005)^{11}$ = 37.578,51
Valor deflacionado da parcela 12 = $39.698,40/(1+0,005)^{12}$ = 37.391,92
Valor deflacionado da parcela 13 = $39.698,40/(1+0,005)^1$ = 39.499,91
Valor deflacionado da parcela 14 = $39.698,40/(1+0,005)^2$ = 39.305,39
Valor deflacionado da parcela 15 = $39.698,40/(1+0,005)^3$ = 39.106,89
Valor deflacionado da parcela 16 = $39.698,40/(1+0,005)^4$ = 38.912,37
Valor deflacionado da parcela 17 = $39.698,40/(1+0,005)^5$ = 38.721,82
Valor deflacionado da parcela 18 = $39.698,40/(1+0,005)^6$ = 38.527,30

Preço deflacionado: $695.321,45

Preço: $714.571,20

FRP = 695.321,45/714.571,20 = 0,9731

e) Calcula-se o encargo financeiro decorrente da inflação

F_i = I – FRP F_i = I – 0,9731 = 0,0269

F_j = 2,69%

f) Calcula-se o encargo financeiro decorrente dos juros

T = Tempo de Construção = 18 meses

TF = Tempo médio para pagar o fornecedor a partir da compra, 0,5 mês.

P = Preço orçado, em $714.571,20.

TP = Tempo para receber as parcelas, a partir da medição no final do mês, 1 mês.

PFL = $685.988,35

FRP = 0,9731

$$NF = PFL \times (\frac{T}{2} + 1 + TP - TF) - P \times FRP \times \frac{(T+1)}{2}$$

$$NF = 685.988{,}35 \times (\frac{18}{2} + 1 + 1 - 0{,}5) - 714.571{,}20 \times 0{,}9731 \times \frac{(18+1)}{2}$$

NF = 685.988,35 x 10,50 – 714.571,20 x 0,9731 x 9,50

NF = 7.202.877,68 – 6.605.817,73

NF = \$597.059,95 por 1 mês

Da Equação 13:

$$FI = \frac{(NF \times I)}{P}$$

Adotando I = taxa de juro mensal sobre o fluxo de caixa, em decimal = 0,3% a.m.

F_I = 597.059,95 x 0,003/714.571,20

F_I = 1.791,18/714.571,20

F_I = 0,00250

F_I = 0,25%

g) Encargo financeiro total

F = FJ + FI

F = 2,69% + 0,25%

F = 2,94%

Método analítico – rotina 6 – definição da despesa comercial

Será adotada a taxa média sugerida, de 1,4%.

Método analítico – rotina 7 – definição das incertezas

Será adotada a taxa média sugerida, de 1,4%.

Método analítico – rotina 8 – definição do lucro

Será adotada a taxa média sugerida para o lucro bruto, de 4%.

Método analítico – rotina 9 – definição dos benefícios

No método analítico, os benefícios, a soma do lucro bruto e da provisão para incertezas, serão apresentados ao cliente. O percentual de incertezas não será mencionado no detalhamento do BDI, se solicitado.

B = 1,4% + 4%   B = 5,4%

Método analítico – rotina 10 – despesas tributárias

As despesas tributárias serão calculadas com base no sistema de lucro real. Existe a necessidade de calcular a incidência de PIS, Cofins e do ISS sobre o preço. Sabe-se que a alíquota de ISS para o município da obra é de 5%.

Detalhamento da estrutura do preço:

O custo direto total, C, é $510.408,00.

O custo de mão-de-obra é conhecido pelo orçamento da obra. Em nosso caso, temos o valor de $136.944,00, apresentado na Tabela 3.2.

Segue que o custo de materiais de construção é de:

510.408,00 - 136.944,00 = 373.464,00

Será estimada uma taxa de BDI de 40%, que depois de calculada, deverá ser substituída neste ponto, em um cálculo iterativo, a ser efetuado até se estabilizar.

Define-se, assim, a estrutura preliminar do preço:

Material de construção	373.464,00	
Mão-de-obra	136.944,00	
Custo	510.408,00	(100%)
Benefícios (5,4% do preço)	38.586,84	(A)
Despesas Indiretas	165.576,36	(B) (A+B = 40%)
Preço	714.571,20	(140%)

Aplica-se o BDI sobre o custo e define-se o preço.

Aplica-se a taxa de benefícios sobre o preço e definem-se os benefícios.

Organiza-se a estruturar preliminar do preço.

Como não existe terceirização e notas fiscais de mão-de-obra, a base de Cofins, PIS e ISS é a mesma, a saber:

Base de Cálculo ISS: 714.571,20 – 373.464,00 = 341.107,20

Base = 341.107,20/714.571,20 = 47,74%

Adotando-se a alíquota de ISS da cidade de Curitiba-PR de 5%, tem-se:
Cofins = 47,74% x 7,60% = 3,63% do preço
PIS = 47,74% x 1,65% = 0,79% do preço
ISS = 47,74% x 5,00% = 2,39% do preço

Os impostos sobre o lucro, o IR e a CSLL, já estão embutidos no lucro bruto, não devendo ser acrescidos aos impostos sobre a receita. Somente para fins de conhecimento e comparação, serão calculados seus valores: Lucro bruto = 38.586,84 (na visão otimista de que não haverá gastos com fatores de incerteza e que o lucro orçado seja realmente apurado no final da obra)
Imposto de renda = 15% x 38.586,84 = $5.788,03
CSLL = 9% x 38.586,84 = $3.472,81 Total: 9.260,84

Relacionando estes impostos com o preço, tem-se:
I.R = 5.788,03/714.571,20 = 0,81% do preço
CSLL = 3.472,81/714.571,20 = 0,49% do preço

Para fornecimento de materiais e mão-de-obra, no regime de empreitada, na condição proposta, tem-se os seguintes impostos incidentes sobre a receita:

Impostos	Alíquota sobre o preço
Cofins	3,63%[72]
PIS	0,79%
CPMF	0,38%
ISS	2,39%
Total	7,19%

Quadro 5.10 Despesa tributária inicial no item 5.4.

Método analítico – rotina 11 – cálculo da taxa de BDI

Da Equação 25:

$$BDI (\%) = \left[\frac{1 + A_L + A_C + CT}{1 - (B_{BRU} + IE_{LR} + F + DC)} - 1 \right] \times 100$$

---

[72] Existe a opção de a empresa construtora trabalhar com alíquota fixa de 3% para Cofins no sistema de lucro real.

$$BDI\,(\%) = \left[\frac{1 + 0{,}0563 + 0{,}0879 + 0{,}0236}{1 - (0{,}054 + 0{,}0719 + 0{,}0294 + 0{,}014)} - 1\right] \times 100$$

$$BDI\,(\%) = \left[\frac{1{,}1678}{1 - 0{,}1693} - 1\right] \times 100$$

$$BDI\,(\%) = \left[\frac{1{,}1678}{0{,}8307} - 1\right] \times 100$$

$$BDI\,(\%) = [1{,}4058 - 1] \times 100$$
$$BDI\,(\%) = 40{,}58\%$$

Cálculo iterativo

Substituindo o BDI estimado inicialmente de 40% no cálculo dos impostos e das despesas financeiras pelo BDI calculado de 40,58%, obtém-se a taxa de BDI de 40,61%.

Alterando-se o BDI de 40,58% para 40,61%, obtém-se o BDI de 40,61%, permanecendo então inalterado, estabilizando-se a iteração e finalizando-se o cálculo, com BDI = 40,61%.

A base dos impostos foi alterada de 47,74% para 47,96%, alterando as alíquotas para:

Impostos	Alíquota sobre o preço
Cofins	3,64%
PIS	0,79%
CPMF	0,38%
ISS	2,4%
Total	**7,21%**

Quadro 5.11 Despesa tributária final no item 5.4.

O ajuste no BDI não alterou a despesa financeira.

$$BDI\,(\%) = \left[\frac{1 + 0{,}0563 + 0{,}0879 + 0{,}0236}{1 - (0{,}054 + 0{,}0721 + 0{,}0294 + 0{,}014)} - 1\right] \times 100$$

$$BDI\,(\%) = \left[\frac{1{,}1678}{1 - 0{,}1695} - 1\right] \times 100$$

$$BDI\,(\%) = \left[\frac{1,1678}{0,8305} - 1\right] \times 100$$

BDI (%) = [1,4061 - 1] x 100   BDI (%) = 40,61%

Preço calculado

P = C x (1 + BDI (%)/100)
P = 510.408,00 x (1 + 40,61/100) = $716.684,69
P = $716.684,69

Composição do preço

Pode-se agora calcular os detalhes da composição do Preço:
Partindo do custo direto de $510.408,00, obtém-se:
Administração local = $510.408,00 x 5,63% = $28.735,97
Administração central = $510.408,00 x 8,79% = $44.864,86
Contingências = $510.408,00 x 2,36% = $12.045,63

Partindo do preço calculado, obtém-se:
Benefícios = $717.684,69 x 5,40% = $38.754,97
Impostos = $717.684,69 x 7,21% = $51.745,07
Despesas comerciais – $717.684,69 x 1,40% = $10.047,59
Despesas financeiras $717.684,69 x 2,94% = $21.099,93

Somando-se os componentes: $717.667,36 resultando em uma diferença de $17,33 a maior, em função do arredondamento das porcentagens para apenas duas casas decimais.

Os valores precisos seriam obtidos trabalhando-se com mais casas decimais, caso interessante para obras de alto valor.

Sugere-se considerar as diferenças de arredondamento na verba de contingências, na hipótese de se optar para trabalhar na precisão convencional, resultando-se na seguinte composição do preço. Verba de contingências ajustada: $12.045,63 – $17,33 = $12.028,30.

Itens	Valores	Taxa sobre custo	Taxa sobre preço
Custo	$510.408,00	100%	71,12%
Administração Local	$28.735,97	5,63%	4%
Administração Central	$44.864,86	8,79%	6,25%
Contingências	$12.028,30	2,36%	1,68%
Benefícios	$38.754,97	7,59%	5,4%
Despesas Tributárias	$51.745,07	10,14%	7,21%
Despesas Comerciais	$10.047,59	1,97%	1,4%
Despesas Financeiras	$21.099,93	4,13%	2,94%
Total	$717.684,69	140,61%	100%

Quadro 5.12 Preço e taxa de BDI no item 5.4.

Benefícios	Preço	Taxas	Verbas
Lucro líquido	717.684,69	4%	28.707,39
Incertezas	716.684,69	1,4%	10.047,59
Total		5,4%	38.754,97

Quadro 5.13 Benefícios no item 5.4.

Análise de oferta de obra pública no preço máximo de $717.684,69

Descontando-se os componentes básicos do preço, pode-se calcular a margem de segurança preliminar oferecida pelo contratante.

Itens	Valores	Taxa sobre custo	Taxa sobre preço
Preço	$717.684,69	140,61%	100%
Itens básicos:			
Custo	$510.408,00	100%	71,12%
Administração local	$28.735,97	5,63%	4%
Administração central	$44.864,86	8,79%	6,25%
Despesas tributárias	$51.745,07	10,14%	7,21%
Despesas comerciais	$10.047,59	1,97%	1,40%
Subtotal	$645.801,49	126,53%	89,98%
Margem de segurança preliminar	$71.883,20	14,08%	10,02%

Quadro 5.14 Cálculo da margem de segurança preliminar no item 5.4.

No caso de lucro real, os impostos sobre o lucro bruto também ficam por conta da margem de segurança preliminar.

5.5 BDI ÚNICO PARA PRESTAÇÃO DE SERVIÇO GLOBAL

Edifício residencial de padrão médio com 1.800 m² de área equivalente de construção, Obra 6 da Tabela 3.1, com as seguintes hipóteses de cálculo:

- Correção monetária mensal
- Sistema de lucro presumido
- Prestação de serviço global
- Mão-de-obra do construtor, sem subempreiteiro.

Método sintético – rotina 1 – definição do custo direto

O custo direto unitário da obra é de $76,69/m², conforme apresentado na Tabela 5.1.

U = 1.800,00 m²   C = 1.800,00 × 76,69 = $138.042,00

Método sintético – rotina 2 – custo direto anual

$$C_{anual} = N \times \frac{C}{T} \times 12$$

Em que:
N, número de obras simultâneas da construtora, igual a 3.
C é o custo da obra, $138.042,00.
T é o prazo da obra = 11 meses, Tabela 1, obra 6 da "Construtora 6".

$$C_{anual} = 3 \times \frac{\$138.042,00}{11} \times 12 = \$451.773,81$$

Método sintético – rotina 3 – despesa administrativa

A é a despesa administrativa, a soma das taxas de administração local (A_L) e administração central (A_C).

A administração local é calculada pela seguinte equação:

$$A_L (\%) = \frac{AL}{C} \times 100$$

Em que:
A_L = orçamento da administração local sendo adotada a despesa mensal de $985,09, apresentada na Tabela 4. Para um prazo de obra de 11 meses, AL = 11 × 985,09 = $10.835,99.
C = custo direto da obra, já calculado em $138.042,00.

$$A_L (\%) = \frac{10.835,99}{138.042,00} \times 100 = 0,0785 \times 100 \qquad A_L (\%) = 7,85\%$$

A Administração Central é calculada através da seguinte equação:

$$A_C (\%) = \frac{AC}{C_{anual}} \times 100$$

Em que:

AC = orçamento administrativo da sede da empresa, será adotado, nesta análise sintética, o valor mensal de $4.510,69, apresentado na Tabela 3.7, resultando em um orçamento anual de 4.510,69 × 12 = 54.128,28.

C_{anual}, já conhecido na rotina 2, é $451.773,81.

$$A_C (\%) = \frac{54.128,28}{451.773,81} \times 100 = 0,1198 \qquad A_C (\%) = 11,98\%$$

$$A = A_L (\%) + A_C (\%) = 7,85\% + 11,98\% = 19,83\%$$

Método sintético – rotina 4 – provisão para contingências

Nesta análise sintética, será adotado o percentual sugerido para risco baixo, de 1,46%, na Tabela 4.2.

Método sintético – rotina 5 – definição dos benefícios

B é a taxa de benefícios do construtor, fixada, neste exemplo, em 4,33% de acordo com o Quadro 5.16.

Benefícios	Taxa
Despesa financeira	0,3%
Despesa comercial	1,05%
Lucro líquido	2,28%
Incertezas	0,7%
Total	**4,33%**

Quadro 5.15 Benefícios no item 5.5.

A obra será construída na iniciativa privada com contrato de reajustamento mensal.

Método sintético – rotina 6 – definição das despesas tributárias

No método sintético, a adoção dos impostos deverá ser efetuada no sistema de lucro presumido. Existe a necessidade de calcular a incidência do ISS sobre o preço.

Sabe-se que a alíquota para o município da obra é de 5%.

Detalhamento da estrutura do preço:

O custo direto total, C, é $138.042,00.

O custo de mão-de-obra é conhecido pelo orçamento da obra. Em nosso caso, temos o valor de $53.514,00, valor apresentado na Tabela 3.2, Obra 6.

O custo de materiais de construção é de:

$$138.042,00 - 53.514,00 = 84.528,00$$

Será estimada uma taxa de BDI de 40%, que depois de calculada, deverá ser substituída neste ponto, em um cálculo iterativo, a ser efetuado até se estabilizar.

Define-se assim a estrutura preliminar do preço:

Material de construção 84.528,00
Mão-de-obra   53.514,00
Custo   138.042,00   (100%)
Lucro e indiretos   55.216,80   (40%)
Preço   193.258,80   (140%)
Base de Cálculo ISS: 193.258,80 – 84.528,00 = 108.730,80
$$\text{Base} = 108.730,80/193.258,80 = 56,26\%$$

Adotando-se a alíquota de ISS da cidade de Curitiba-PR de 5%, tem-se:

$$\text{ISS} = 56,25\% \times 5,00\% = 2,81\% \text{ do preço}$$

Para fornecimento de materiais e mão-de-obra, no regime de empreitada, na condição proposta, tem-se a seguinte carga tributária

Impostos	Alíquota sobre o preço
Cofins	3%
PIS	0,65%
Imposto de renda	1,2%
CSLL	1,08%
CPMF	0,38%
ISS	2,81%
Total	**9,12%**

Quadro 5.16 Despesa tributária do item 5.5.

Método sintético – rotina 7 – cálculo da taxa de BDI

Aplicando-se a Equação 18, com a adoção dos dados calculados para as faixas de incidência dos parâmetros apresentados no texto, obtêm-se os seguintes resultados:

Utiliza-se a seguinte equação:

$$BDI(\%) = \left[\frac{1 + A + CT}{1 - (B + IE)} - 1\right] \times 100$$

$$BDI(\%) = \left[\frac{1 + 0,1983 + 0,0146}{1 - (0,0433 + 0,0912)} - 1\right] \times 100$$

$$BDI(\%) = \left[\frac{1,2129}{1 - (0,1345)} - 1\right] \times 100$$

$$BDI(\%) = \left[\frac{1,2129}{0,8655} - 1\right] \times 100$$

$$BDI(\%) = [0,4014] \times 100 = 40,14\% \qquad BDI(\%) = 40,14\%$$

Cálculo iterativo:

Substituindo o BDI estimado inicialmente de 40% no cálculo do ISS, pelo BDI calculado de 40,14%, o BDI muda para 40,15%.

Alterando-se o BDI de 40,14% para 40,15%, obtém-se novo BDI de 40,15%, estabilizando-se a iteração e finalizando-se o cálculo, com BDI = 40,15%.

O ISS sobre o preço passou de 2,81% para 2,82% e a carga tributária de 9,12% para 9,13%.

Preço calculado

P = C x (1 + BDI (%)/100)
P = 138.042,00 x (1 + 40,15/100) = $193.465,86
P = $193.465,86

Composição do preço

Pode-se agora calcular os detalhes da composição do Preço:
Partindo do custo direto de $138.042,00, obtém-se:

Administração local = $138.042,00 x 7,85% = $10.836,30
Administração central = $138.042,00 x 11,98% = $16.537,43
Contingências = $138.042,00 x 1,46% = $2.015,41

Partindo do preço calculado, obtém-se:
Benefícios = $193.465,86 x 4,33% = $8.377,07
Impostos = $193.465,86 x 9,13% = $17.663,43

Somando-se os componentes: $193.471,64, resulta uma diferença de $5,78 a maior, em função do arredondamento das porcentagens para apenas duas casas decimais. Os valores precisos seriam obtidos trabalhando-se com muitas casas decimais, caso interessante para obras de alto valor.

Sugere-se acrescentar o valor das diferenças encontradas na verba de contingências, na hipótese de se optar para trabalhar na precisão convencional, resultando-se na seguinte composição do preço. Verba de contingências ajustada: $2.015,41 – $5,78 = $2.009,63.

Itens	Valores	Taxa sobre custo	Taxa sobre preço
Custo	$138.042,00	100%	71,35%
Administração	$27.373,73	19,83%	14,15%
Contingências	$2.009,63	1,46%	1,04%
Benefícios	$8.377,07	6,07%	4,33%
Impostos	$17.663,43	12,79%	9,13%
Total	**$193.465,86**	**140,15%**	**100%**

Quadro 5.17 Preço e taxa de BDI no item 5.5.

Benefícios	Preço	Taxas	Verbas
Despesa financeira	193.465,86	0,3%	580,40
Despesa comercial	193.465,86	1,05%	2.031,39
Lucro líquido	193.465,86	2,28%	4.411,02
Incertezas	193.465,86	0,7%	1.354,26
Total		**4,33%**	**8.377,07**

Quadro 5.18 Benefícios, em taxa de BDI no item 5.5.

5.6 BDI DIFERENCIADO PARA PRESTAÇÃO DE SERVIÇO GLOBAL

Edifício residencial de padrão médio com 1.800 m² de área equivalente de construção, Obra 6 da Tabela 3.1, considerando-se a negociação de que, ao invés de formar um único preço com uma única taxa de BDI, o contratante exige uma taxa de BDI para o fornecimento de materiais e outra taxa de BDI para a prestação de serviços especializados, no mesmo contrato, com as seguintes hipóteses de cálculo complementares:

- Correção monetária mensal
- Sistema de lucro presumido
- Prestação de serviço global
- Mão-de-obra do construtor, sem subempreiteiro.

Método sintético – rotina 1 – definição do custo direto

O custo direto unitário da obra de $76,69/m² da Tabela 5.1, Obra 6, do cálculo do item anterior, será subdividido, conforme segue:

$$C_{unit\,mat} = \$46,96/m^2 \qquad C_{mat} = 1.800,00 \times 46,96.$$
$$C_{unit\,m.\,obra} = \$29,73/m^2 \qquad C_{mobra} = 1.800,00 \times 29,73$$
$$C_{mat} = \$84.528,00 \qquad C_{mobra} = \$53.514,00$$

Método sintético – rotina 2 – custo direto anual

$$C_{anual} = N \times \frac{C}{T} \times 12$$

$$C_{anual\,mat} = 3 \times \frac{\$84.528,00}{11} \times 12 = \$276.637,09$$

$$C_{anual\,m.\,obra} = 3 \times \frac{\$53.514,00}{11} \times 12 = \$175.136,72$$

A soma dos custos diretos anuais é a mesma do item anterior.

Método sintético – rotina 3 – Definição da despesa administrativa

A é a despesa administrativa, a soma das taxas de administração local (A_L) e administração central (A_C).

Da despesa mensal do canteiro de $985,09, 20% será atribuída aos serviços de planejamento de compras, elaboração de pedidos de materiais, controle de recebimento, controle de almoxarifado e afins. Os 80% restantes serão atribuídos à gerência da mão-de-obra.

A despesa mensal no canteiro referente à gerência de materiais é de $197,02. A despesa mensal no canteiro referente à gerencia de mão-de-obra é de $788,07.

$$A_{L\,mat}(\%) = \frac{11 \times 197,02}{84.528,00} \times 100 = 0,0256 \times 100 \qquad A_{L\,mat}(\%) = 2,56\%$$

$$A_{L\,m.obra}(\%) = \frac{11 \times 788,07}{53.514,00} \times 100 = 0,1620 \times 100 \qquad A_{L\,m.obra}(\%) = 16,2\%$$

Da despesa mensal da sede da empresa de $4.510,69, 50% serão atribuídas aos serviços de planejamento de compras, elaboração de pedidos de materiais, controle de recebimento, controle de almoxarifado e afins. Os 50% restantes serão atribuídos à gerência da mão-de-obra.

A despesa mensal na sede referente à gerência de materiais é de $2.255,35. A despesa mensal na sede referente à gerência de mão-de-obra é de $2.255,34.

$$A_{C\,mat}(\%) = \frac{12 \times 2.255,34}{276.637,09} \times 100 = 0,0978 \qquad A_{C\,mat}(\%) = 9,78\%$$

$$A_{C\,m.obra}(\%) = \frac{12 \times 2.255,35}{175.136,72} \times 100 = 0,1545 \qquad A_{C\,m.obra}(\%) = 15,45\%$$

$$A_{Mat} = A_L(\%) + A_C(\%) = 2,56\% + 9,78\% = 12,34\%$$
$$A_{M.\,obra} = A_L(\%) + A_C(\%) = 16,20\% + 15,45\% = 31,65\%$$

Método sintético – rotina 4 – contingências

CT é a verba para contingências, para inclusão dos riscos do contrato.

Será adotado o percentual sugerido para risco baixo, de 1,46%, na Tabela 4.2.

Método sintético – rotina 5 – definição dos benefícios

B é a taxa de benefícios do construtor, 4,33%, adotados os valores do Quadro 5.20.

Benefícios	Taxa
Despesa financeira	0,3%
Despesa comercial	1,05%
Lucro líquido	2,28%
Incertezas	0,7%
Total	**4,33%**

Quadro 5.19 Benefícios na análise sintética do item 5.6.

Nesta análise sintética, a taxa de benefícios será composta com todos os parâmetros do nível baixo, ou seja, B = 4,33%.

Método sintético – rotina 6 – despesas tributárias

Para fornecimento de materiais e mão-de-obra, no regime de empreitada, na condição proposta, tem-se as seguintes cargas tributárias.

Impostos	Alíquota sobre materiais	Alíquota sobre Mão-de-obra
Cofins	3%	3%
PIS	0,65%	0,65%
Imposto de renda	1,20%	1,20%
CSLL	1,08%	1,08%
CPMF	0,38%	0,38%
ISS	0%	5%
Total	**6,31%**	**11,31%**

Quadro 5.20 Despesas tributárias diferenciadas no item 5.6.

Método sintético – rotina 7 – cálculo da taxa de BDI

Calculo da taxa de BDI de fornecimento de materiais

Aplicando-se a Equação 18, com a adoção dos dados calculados para as faixas de incidência dos parâmetros apresentados no texto, obtêm-se os seguintes resultados:

$$BDI (\%) = \left[\frac{1 + A + CT}{1 - (B + IE)} - 1\right] \times 100$$

$$BDI (\%) = \left[\frac{1 + 0,1234 + 0,0146}{1 - (0,0433 + 0,0631)} - 1\right] \times 100$$

$$BDI (\%) = \left[\frac{1,1380}{1 - (0,1064)} - 1\right] \times 100$$

$$BDI (\%) = \left[\frac{1,1380}{0,8936} - 1\right] \times 100$$

BDI (%) = [0,2735] x 100 = 27,35%   BDI (%) = 27,35%

Preço calculado

P = C x (1 + BDI (%)/100)
P = 84.528,00 x (1 + 27,35/100) = $107.646,41
P = $107.646,41

Composição do preço

Pode-se calcular agora os detalhes da composição do preço:
Partindo do custo direto de $84.528,00, obtém-se:
Administração local = $84.528,00 x 2,56% = $2.163,92
Administração central = $84.528,00 x 9,78% = $8.266,84
Administração (A) é de $10.430,76
Contingências = $84.528,00 x 1,46% = $1.234,11
Partindo do preço calculado, obtém-se:
Benefícios = $107.646,41 x 4,33% = $4.661,09
Impostos = $107.646,41 x 6,31% = $6.792,49

Somando-se os componentes: $107.646,45, resultando em uma diferença de $0,04 a maior, em função do arredondamento das porcentagens para apenas duas casas decimais. Os valores precisos seriam obtidos trabalhando-se com muitas casas decimais, caso interessante para obras de alto valor.

Sugere-se acrescentar o valor das diferenças encontradas na verba de contingências, na hipótese de se optar para trabalhar na precisão convencional, resultando-se na seguinte composição do preço.

Verba de contingências ajustada: $1.234,11 – $0,04 = $1.234,07.

Itens	Valores	Taxa sobre custo	Taxa sobre preço
Custo	$84.528,00	100%	78,52%
Administração	$10.430,76	12,34%	9,69%
Contingências	$1.234,07	1,46%	1,15%
Benefícios	$4.661,09	5,51%	4,33%
Impostos	$6.792,49	8,04%	6,31%
Total	$107.646,41	127,35%	100%

Quadro 5.21 Preço e taxa de BDI para fornecimento de materiais de construção.

Benefícios	Preço	Taxas	Verbas
Despesa financeira	107.646,41	0,3%	322,94
Despesa comercial	107.646,41	1,05%	1.130,29
Lucro líquido	107.646,41	2,28%	2.454,34
Incertezas	107.646,41	0,7%	753,52
Total		4,33%	4.661,09

Quadro 5.22 Benefícios para o fornecimento de materiais de construção.

Calculo da taxa de BDI de prestação de serviço de mão-de-obra

Aplicando-se a Equação 18, com a adoção dos dados calculados para as faixas de incidência dos parâmetros apresentados no texto, obtêm-se os seguintes resultados:

Utiliza-se a seguinte equação:

$$BDI(\%) = \left[\frac{1 + A + CT}{1 - (B + IE)} - 1\right] \times 100$$

$$BDI(\%) = \left[\frac{1 + 0,3165 + 0,0146}{1 - (0,0433 + 0,1131)} - 1\right] \times 100$$

$$BDI(\%) = \left[\frac{1,3311}{1 - (0,1564)} - 1\right] \times 100$$

$$BDI(\%) = \left[\frac{1,3311}{0,8436} - 1\right] \times 100$$

$$BDI(\%) = [0,5779] \times 100 = 57,79\% \qquad BDI(\%) = 57,79\%$$

Preço calculado

$$P = C \times (1 + BDI(\%)/100)$$
$$P = 53.514 \times (1 + 57,79/100) = \$84.439,74$$
$$P = \$84.439,74$$

Composição do preço

Pode-se agora calcular os detalhes da composição do preço:
Partindo do custo direto de $53.514,00, obtém-se:
Administração local = $53.514,00 x 16,20% = $8.669,27
Administração central = $53.514,00 x 15,45% = $8.267,91
Administração (A) é igual a $16.937,18
Contingências = $53.514 x 1,46% = $781,30

Partindo do preço calculado, obtém-se:
Benefícios = $84.439,74 x 4,33% = $3.656,24
Impostos = $84.439,74 x 11,31% = $9.550,13

Somando-se os componentes: $84.438,85, resultando em uma diferença de $0,89 a menor, em função do arredondamento das porcentagens para apenas duas casas decimais.

Os valores precisos seriam obtidos trabalhando-se com muitas casas decimais, caso interessante para obras de alto valor. Sugere-se acrescentar o valor das diferenças encontradas na verba de contingências, na hipótese de se optar para trabalhar na precisão convencional, resultando-se na seguinte composição do preço.

Verba de contingências ajustada: $781,30 + $0,89 = $782,19.

Itens	Valores	Taxa sobre custo	Taxa sobre preço
Custo	$53.514,00	100%	63,38%
Administração	$16.937,18	31,65%	20,06%
Contingências	$782,19	1,46%	0,92%
Benefícios	$3.656,24	6,83%	4,33%
Impostos	$9.550,13	17,85%	11,31%
Total	**$84.439,74**	**157,79%**	**100%**

Quadro 5.23 Preço e taxa de BDI para prestação de serviços especializados.

Analisando-se o detalhe da verba de benefícios, apresentado na planilha a seguir, pode-se fazer uma observação interessante: descontadas as despesas comerciais e as incertezas da economia que todo o empresário enfrenta, e isolando o lucro líquido, percebe-se que dentro do cálculo deste preço, o governo terá um lucro líquido quase cinco vezes superior ao da empresa construtora. (9.550,13 aproximadamente 5x 1.925,23)

Benefícios	Preço	Taxas	Verbas
Despesa financeira	84.439,74	0,3%	253,32
Despesa comercial	84.439,74	1,05%	886,62
Lucro líquido	84.439,74	2,28%	1.925,23
Incertezas	84.439,74	0,7%	591,07
Total		4,33%	3.656,24

Quadro 5.24 Benefícios para a prestação de serviços especializado.

5.7 BDI PARA PRESTAÇÃO DE SERVIÇO ESPECIALIZADO

Demonstração do cálculo da taxa de BDI para um edifício residencial de padrão médio com 1.800 m² de área equivalente de construção, para o caso de o construtor prestar o serviço de gerenciamento da obra e fornecimento de mão-de-obra, ficando o fornecimento de materiais por conta do contratante.

Neste caso, todas as despesas indiretas do contrato deverão ser aplicadas sobre o custo direto da mão-de-obra. Destaca-se que o serviço especializado não é um simples fornecimento de mão-de-obra, envolve o planejamento, o orçamento e a gerência de toda a construção.

Premissas adotadas neste cálculo:
- Correção monetária mensal
- Sistema de lucro presumido
- Mão-de-obra do construtor, sem subempreiteiro

Método sintético – rotina I – definição do custo direto

O ponto de partida para o cálculo da taxa de BDI é o custo direto da mão-de-obra. $C = U \times C_{unit}$ $C_{unit.\,m\,obra} = \$29,73/m^2$, do item anterior, $C_{mobra} = 1.800,00 \times 29,73$ $C_{mobra} = \$53.514,00$

Método sintético – rotina 2 – custo direto anual

$$C_{anual} = N \times \frac{C}{T} \times 12$$

$$C_{anual\,mat} = 3 \times \frac{\$53.514,00}{11} \times 12 = \$175.136,72$$

Método sintético – rotina 3 – despesa administrativa

A é a despesa administrativa, a soma das taxas de administração local (A_L) e administração central (A_C).

A despesa mensal do canteiro é de $985,09

$$A_L (\%) = \frac{11 \times 985,09}{53.514,00} \times 100 = 0,2025 \times 100 \qquad A_L (\%) = 20,25\%$$

A despesa mensal da sede da empresa é de $4.510,69

$$A_C (\%) = \frac{12 \times 4.510,69}{175.136,72} \times 100 = 0,3091 \times 100 \qquad AC_{m.\,obra} (\%) = 30,91\%$$

$$A = A_L (\%) + A_C (\%) = 20,25\% + 30,91\% = 51,16\%$$

Método sintético – rotina 4 – provisão para contingências

CT é a verba para contingências, para inclusão dos riscos do contrato.

Será adotado o percentual sugerido para risco baixo, de 1,46%, na Tabela 4.2.

Método sintético – rotina 5 – definição dos benefícios

B é a taxa de benefícios do construtor, composta pelas variáveis apresentadas no Quadro 5.26

Benefícios	Taxa
Despesa financeira	0,3%
Despesa comercial	1,05%
Lucro líquido	2,28%
Incertezas	0,70%
Total	**4,33%**

Quadro 5.25 Benefícios no item 5.7.

A obra será construída na iniciativa privada com contrato de reajustamento mensal. Nesta análise sintética, a taxa de benefícios será composta com todos os parâmetros do nível baixo, ou seja, B = 4,33%.

Método sintético – rotina 6 – despesas tributárias

Para fornecimento de mão-de-obra, no regime de empreitada, na condição proposta, tem-se a seguinte carga tributária.

Impostos	Alíquota sobre mão-de-obra
Cofins	3%
PIS	0,65%
Imposto de renda (sem mat.)	4,8%
CSLL	1,08%
CPMF	0,38%
ISS	5%
Total	**14,91%**

Quadro 5.26 Despesa tributária no item 5.7.

Método sintético – rotina 7 – cálculo da taxa de BDI

Aplicando-se a Equação 18, com a adoção dos dados calculados para as faixas de incidência dos parâmetros apresentados no texto, obtêm-se os seguintes resultados:

Utiliza-se a seguinte equação:

$$BDI (\%) = \left[\frac{1 + A + CT}{1 - (B + IE)} - 1\right] \times 100$$

$$BDI (\%) = \left[\frac{1 + 0,5116 + 0,0146}{1 - (0,0433 + 0,1491)} - 1\right] \times 100$$

$$BDI (\%) = \left[\frac{1,5262}{1 - (0,1924)} - 1\right] \times 100$$

$$BDI (\%) = \left[\frac{1,5262}{0,8076} - 1\right] \times 100$$

$$BDI (\%) = [0,8898] \times 100 = 88,98\% \qquad BDI (\%) = 88,98\%$$

Preço calculado

P = C x (1 + BDI (%)/100)
P = 53.514 x (1 + 88,98/100) = $101.130,75
P = $101.130,75

Composição do preço

Pode-se agora calcular os detalhes da composição do preço:

Partindo do custo direto de $53.514,00, obtém-se:

Administração local = $53.514,00 x 20,25% =	$10.836,59
Administração central = $53.514,00 x 30,91% =	$16.541,18
Contingências = $53.514,00 x 1,46% =	$781,30

Partindo do preço calculado, obtém-se:

Benefícios = $101.130,75 x 4,33% =	$4.378,96
Impostos = $101.130,75 x 14,91% =	$15.078,59

Somando-se os componentes: $101.130,62, resulta uma diferença de $0,13 a menor, em função do arredondamento das porcentagens para apenas duas casas decimais. Os valores precisos seriam obtidos trabalhando-se com muitas casas decimais, caso interessante para obras de alto valor.

Sugere-se acrescentar o valor das diferenças encontradas na verba de contingências, na hipótese de se optar para trabalhar na precisão convencional, resultando-se na seguinte composição do preço.

Itens	Valores	Taxa sobre custo	Taxa sobre preço
Custo	$53.514,00	100%	52,92%
Administração	$27.377,76	51,16%	27,07%
Contingências	$781,43	1,46%	0,77%
Benefícios	$4.378,96	8,18%	4,33%
Impostos	$15.078,60	28,18%	14,91%
Total	$101.130,76	188,98%	100%

Quadro 5.27 Preço e taxa de BDI no item 5.7.

Benefícios	Preço	Taxas	Verbas
Despesa financeira	101.130,75	0,3%	303,39
Despesa comercial	101.130,75	1,05%	1.061,87
Lucro líquido	101.130,75	2,28%	2.305,78
Incertezas	101.130,75	0,7%	707,92
Total		4,33%	4.378,96

Quadro 5.28 Benefícios no item 5.7.

As despesas indiretas deste item e do item anterior têm seus valores absolutos quase iguais, mas taxas de BDI bem diferentes.

O motivo é que as despesas indiretas, neste item, são relacionadas somente com o custo da mão-de-obra, e não com o custo direto total, de materiais e mão-de-obra, como no item anterior.

A vantagem de contratar somente serviços consiste na possibilidade de comprar diretamente os materiais, não havendo a incidência de impostos referente a estas aquisições no preço da obra.

5.8 BDI PARA SUBEMPREITADA

Demonstração do cálculo da taxa de BDI para um edifício residencial de padrão médio com 1.800 m² de área equivalente de construção, para o caso de a firma empreiteira fornecer mão-de-obra ao construtor.

Premissas adotadas neste cálculo:
- Obra 6, definida na Tabela 3.1
- Correção monetária mensal
- Sistema de lucro presumido
- Fornecimento de mão-de-obra
- Mão-de-obra de subempreiteiro

Método sintético – rotina 1 – definição do custo direto

O ponto de partida para o cálculo da taxa de BDI é o custo direto da mão-de-obra, $\$9{,}89/m^2$, que neste caso se refere às diárias dos operários e aos encargos sociais, e aos custos com alimentação, transporte e ferramentas, definidos em $\$9{,}92/m^2$.

$$C_{unit\ m.obra} = 9{,}89 + 9{,}92 = \$19{,}81/m^2$$

$$C_{m.\ obra} = 1.800{,}00 \times 19{,}81 = \$35.658{,}00$$

Método sintético – rotina 2 – definição do custo direto anual

$$C_{anual} = N \times \frac{C}{T} \times 12$$

$$C_{anual\ mat.} = 3 \times \frac{\$35.658{,}00}{11} \times 12 = \$116.698{,}91$$

Método sintético – rotina 3 – a despesa administrativa

A é a despesa administrativa, a soma das taxas de administração local (A_L) e administração central (A_C).

A administração local é calculada pela seguinte equação:

$$A_L (\%) = \frac{AL}{C} \times 100$$

Em que:
A_L = taxa de despesa indireta da administração local, expressa em porcentagem.
AL = orçamento da administração local, nesta análise sintética, serão adotadas as seguintes despesas mensais:

A despesa mensal do subempreiteiro no canteiro-de-obra é de $300,00.

$$A_L (\%) = \frac{11 \times 300,00}{35.658,00} \times 100 = 0,0925 \times 100 \qquad A_L (\%) = 9,25\%$$

A despesa mensal da sede da empresa do subempreiteiro é de $1.000,00

$$A_C (\%) = \frac{12 \times 1.000,00}{116.698,91} \times 100 = 0,1028 \times 100 \qquad A_{c.\,m.obra} (\%) = 10,28\%$$

$$A = A_L (\%) + AC (\%) = 9,25\% + 10,28\% = 19,53\%$$

Método sintético – rotina 4 – provisão para contingências

CT é a verba para contingências, para inclusão dos riscos do contrato.
Não foi adotada provisão para contingências.

Método sintético – rotina 5 – definição dos benefícios

B é a taxa de benefícios do construtor, composta pelas variáveis apresentadas no Quadro 5.30.

Benefícios	Taxa
Despesa financeira	0%
Despesa comercial	0%
Lucro líquido	2,5%
Incertezas	0%
Total	**2,5%**

Quadro 5.29 Benefícios, em subempreitada, item 5.8.

A obra será construída na iniciativa privada com contrato de reajustamento mensal. Nesta análise, a taxa de benefícios será composta apenas pelo lucro líquido, ou seja, B = 2,5%.

Método sintético – rotina 6 – definição das despesas tributárias

Para fornecimento de mão-de-obra, no regime de empreitada na condição proposta, tem-se a seguinte carga tributária.

Impostos	Alíquota sobre mão-de-obra
Cofins	3%
PIS	0,65%
Imposto de renda	4,8%
CSLL	1,08%
CPMF	0,38%
ISS	5%
Total	**14,91%**

Quadro 5.30 Despesa tributária, em subempreitada, item 5.8.

Método sintético – rotina 7 – cálculo da taxa de BDI

Aplicando-se a Equação 18, com a adoção dos dados calculados, são obtidos os seguintes resultados:

$$BDI (\%) = \left[\frac{1 + A + CT}{1 - (B + IE)} - 1\right] \times 100$$

$$BDI (\%) = \left[\frac{1 + 0,1953 + 0,00}{1 - (0,025 + 0,1491)} - 1\right] \times 100$$

$$BDI (\%) = \left[\frac{1,1953}{1 - (0,1741)} - 1\right] \times 100$$

$$BDI (\%) = \left[\frac{1,1953}{0,8259} - 1\right] \times 100$$

$$BDI (\%) = [0,4473] \times 100 = 44,73\% \qquad BDI (\%) = 44,73\%$$

Preço calculado

P = C × (1 + BDI(%)/100)
P = 35.658,00 × (1 + 44,73/100) = $ 51.607,82
P = $ 51.607,82

Composição do preço

Pode-se calcular agora os detalhes da composição do preço:

Partindo do custo direto de $35.658,00, obtém-se:

Administração local	$35.658,00 × 9,25%	$3.298,37
Administração central	$35.658,00 × 10,28%	$3.665,64
Contingências	$35.658,00 × 0%	$0,00

Partindo do preço calculado, obtém-se:

Benefícios	$51.607,82 × 2,50%	$1.290,20
Impostos	$51.607,82 × 14,91%	$7.694,73

Somando-se os componentes: $51.606,94, resulta uma diferença de $0,88 a menor, em função do arredondamento das porcentagens para apenas duas casas decimais. Os valores precisos seriam obtidos trabalhando-se com muitas casas decimais, caso interessante para obras de alto valor.

Sugere-se acrescentar o valor das diferenças encontradas na verba de contingências, na hipótese de se optar para trabalhar na precisão convencional. Como neste caso ela não foi considerada, a diferença será acrescentada nas despesas tributárias.

Verba de despesas tributárias ajustada: $7.694,73 + $0,88 = $7.695,61

Itens	Valores	Taxa sobre custo	Taxa sobre preço
Custo	$35.658,00	100%	69,09%
Administração	$6.964,01	19,53%	13,49%
Contingências	$0,00	0%	0%
Benefícios	$1.290,20	3,62%	2,5%
Impostos	$7.695,61	21,58%	14,92%
Total	**$51.607,82**	**144,73%**	**100%**

Quadro 5.31 Preço e taxa de BDI em subempreitada, item 5.8.

Analisando-se o detalhe da verba de benefícios, apresentado na planilha a seguir, pode-se fazer uma observação interessante: descontadas as despesas comerciais e as incertezas da economia que todo o empresário enfrenta, e isolando o lucro líquido, percebe-se que dentro do cálculo deste preço, o governo terá um lucro líquido praticamente seis vezes superior ao da empresa construtora. (7.699,10 próximo a 6 x 1.290,28).

Benefícios	Preço	Taxas	Verbas
Despesa financeira	51.607,82	0%	0,00
Despesa comercial	51.607,82	0%	0,00
Lucro líquido	51.607,82	2,5%	1.290,20
Incertezas	51.607,82	0%	0,00
Total		2,5%	1.290,20

Quadro 5.32 Benefícios em subempreitada.

5.9 BDI PARA PRESTAÇÃO DE SERVIÇOS

Demonstração do cálculo da Taxa de BDI para um edifício residencial de padrão médio com 1.800 m² de área equivalente de construção, para o caso de o construtor prestar apenas o serviço de fornecimento de mão-de-obra contratando subempreiteiros.

Premissas adotadas neste cálculo:
- Obra 6, definida na Tabela 1
- Correção monetária mensal
- Sistema de lucro presumido
- Fornecimento de mão-de-obra
- Mão-de-obra de subempreiteiro

Método sintético – rotina I – definição do custo direto

O ponto de partida para o cálculo da taxa de BDI é o preço da mão-de-obra do subempreiteiro do item anterior, que é o custo direto do construtor.

$$C_{mobra} = \$51.607,82$$

Método sintético – rotina 2 – custo direto anual

$$C_{anual} = N \times \frac{C}{T} \times 12$$

$$C_{anual\ mat.} = 3 \times \frac{\$51.607,82}{11} \times 12 = \$168.898,32$$

Método sintético – rotina 3 – Definição da despesa administrativa

A é a despesa administrativa, a soma das taxas de administração local (A_L) e administração central (A_C).

A administração local é calculada pela seguinte equação:

$$A_L (\%) = \frac{AL}{C} \times 100$$

Em que:
A_L = taxa de despesa indireta da administração local, expressa em porcentagem.
AL = orçamento da administração local, nesta análise sintética, serão adotadas as seguintes despesas mensais:

$$A_L (\%) = \frac{11 \times 0,00}{51.607,82} \times 100 = 0,00 \times 100$$

O canteiro-de-obra é controlado pelo contratante da obra e a supervisão da mão-de-obra fica a cargo do subempreiteiro. Eventuais despesas de gerenciamento do construtor serão consideradas na administração central.

$$A_C (\%) = \frac{12 \times 1.500,00}{168.898,32} \times 100 = 0,1066 \times 100 \qquad A_{C.\ Mobra} (\%) = 10,66\%$$

$$A = A_L (\%) + A_C (\%) = 0\% + 10,66\% = 10,66\%$$

Método sintético – rotina 4 – provisão para contingências

CT é a verba para contingências, para inclusão dos riscos do contrato.
Será adotado o percentual de 0,57%.

Método sintético – rotina 5 – definição dos benefícios

B é a taxa de benefícios do construtor, composta pelas variáveis apresentadas no Quadro 5.34.

Benefícios	Taxa
Despesa financeira	0,30%
Despesa comercial	1,05%
Lucro líquido	4,00%
Incertezas	1,40%
Total	**6,75%**

Quadro 5.33 Benefícios no item 5.9.

Método sintético – rotina 6 – despesas tributárias

Para fornecimento de mão-de-obra, no regime de empreitada, na condição proposta, tem-se a seguinte carga tributária.

Impostos	Alíquota sobre mão-de-obra
Cofins	3%
PIS	0,65%
Imposto de renda	4,8%
CSLL	2,28%
CPMF	0,38%
ISS[73]	1,43%
Total	12,54%

Quadro 5.34 Despesas tributárias no item 5.9.

Método sintético – rotina 7 – cálculo da taxa de BDI

Aplicando-se a Equação 18, com a adoção dos dados calculados para as faixas de incidência dos parâmetros apresentados no texto, obtêm-se os seguintes resultados:

Utiliza-se a seguinte equação:

$$BDI\ (\%) = \left[\frac{1 + A + CT}{1 - (B + IE)} - 1\right] \times 100$$

$$BDI\ (\%) = \left[\frac{1 + 0,1066 + 0,0057}{1 - (0,0675 + 0,1254)} - 1\right] \times 100$$

$$1,1123$$

---

[73] Descontado o ISS a ser recolhido pelo subempreiteiro.

$$BDI(\%) = \left[\frac{}{1 - 0{,}1929} - 1\right] \times 100$$

$$BDI(\%) = \left[\frac{1{,}1123}{0{,}8071} - 1\right] \times 100$$

$$BDI(\%) = [0{,}3781] \times 100 = 37{,}81\% \qquad BDI(\%) = 37{,}81\%$$

Resultado obtido considerando-se uma taxa inicial de BDI de 40,0%, após o cálculo iterativo, tem-se ISS = 1,37%, IE= 12,48% e BDI = 37,71%.

Preço calculado

$$P = C \times (1 + BDI(\%)/100)$$
$$P = 51.607{,}82 \times (1 + 37{,}71/100) = \$71.069{,}13$$
$$P = \$71.069{,}13$$

Composição do preço

Pode-se agora calcular os detalhes da composição do preço:

Partindo do custo direto de $51.607,82, obtém-se:

Administração local	$51.607,82 x 0%	$0,00
Administração central	$51.607,82 x 10,66%	$5.501,39
Contingências	$51.607,82 x 0,57%	$294,16

Partindo do preço calculado, obtém-se:

Benefícios	$71.069,13 x 6,75%	$4.797,17
Impostos	$71.069,13 x 12,48%	$8.869,43

Somando-se os componentes: $71.069,97, resulta uma diferença de $0,84 a maior, em função do arredondamento das porcentagens para apenas duas casas decimais. Os valores precisos seriam obtidos trabalhando-se com muitas casas decimais, caso interessante para obras de alto valor.

Sugere-se acrescentar o valor das diferenças encontradas na verba de contingências.

Verba de contigências ajuntada: $294,16 – $0,84 = $293,32.

Itens	Valores	Taxa sobre custo	Taxa sobre preço
Custo	$51.607,82	100%	72,62%
Administração local	$0,00	0%	0%
Administração central	$5.501,39	10,66%	7,74%
Contingências	$293,32	0,56%	0,41%
Benefícios	$4.797,17	9,3%	6,75%
Impostos	$8.869,43	17,19%	12,48%
Total	**$71.069,13**	**137,71%**	**100%**

Quadro 5.35 Preço e taxa de BDI no item 5.9.

Benefícios	Preço	Taxas	Verbas
Despesa financeira	71.069,13	0,3%	213,21
Despesa comercial	71.069,13	1,05%	746,23
Lucro líquido	71.069,13	4%	2.842,77
Incertezas	71.069,13	1,4%	994,96
Total		6,75%	4.797,17

Quadro 5.36 Benefícios, no item 5.9.

5.10 EXERCÍCIOS PROPOSTOS

1) Um contratante resolve pedir preços de obras por empreitada, discriminando todos os itens da administração local da obra na WBS da proposta, com a finalidade de reduzir a taxa de BDI. Calcule as taxas de BDI que seriam obtidas para a prestação de serviço global do item 5.5 e para a prestação de serviços especializados do item 5.7.

(Dica: Preço já calculado a ser relacionado com a soma do custo direto e o orçamento da administração local). No entanto, este procedimento não é indicado, mas praticado por alguns. Veja os inconvenientes listados no último capítulo.

2) Na prestação de serviço global com BDI diferenciado calculado no item 5.6, o contratante concordou em que os materiais fossem comprados diretamente em seu nome, e não mais no nome do construtor, como originalmente previsto. Calcule qual seria a taxa de BDI para o fornecimento de materiais de construção naquele contrato.

3) Um construtor decide apresentar uma proposta para executar a prestação de serviço global do item 5.3 sem considerar nenhum lucro no orçamento. Mantendo todos os demais parâmetros, qual a taxa de BDI desta situação?

TAXA DE BDI NA ADMINISTRAÇÃO DE OBRAS

A contratação de obras no regime de administração tem diferenças significativas em relação ao regime de empreitada.

O contratante paga ao construtor uma remuneração para que ele faça as compras dos materiais de construção, contrate a mão-de-obra dos operários e monte uma estrutura administrativa para gerenciar as atividades no canteiro-de-obra, tudo em seu nome (do contratante) e às suas custas.

A prestação de contas é efetuada pela apresentação das notas fiscais, dos contratos de equipamentos, mão-de-obra e da folha de pagamento de operários e de funcionários administrativos, além da cobrança de uma taxa de administração, caso mais comum, ou de um honorário fixo mensal.

Neste tipo de contrato, as entregas externas, os itens que serão recebidos e conferidos, pelos quais se paga de forma explícita, são as aquisições de insumos, a administração local e o gerenciamento. O contratante tem liberdade total para exigir alterações de fornecedores, acompanhar o desempenho de operários, controlar a competência e a produtividade dos funcionários administrativos.

Como o contrato por administração é baseado na confiança do contratante em relação à empresa construtora, os riscos e incertezas são repassados ao contratante, modificando a equação econômica do preço.

6.1 MÉTODO

A fórmula para o cálculo da taxa de BDI em contratos de administração é a seguinte:

Equação 31
Taxa de BDI em contratos por administração

$$ADM_I = \left\{ \frac{[1 + A_c] \times [1 + B]}{1 - \left[\frac{ADM_0}{1 + ADM_0} \times IA\right]} - 1 \right\} \times 100$$

Em que:
ADM_0 = estimativa inicial da taxa de BDI por administração.
ADM_I = estimativa atualizada da taxa de BDI por administração.
A_C (%) = taxa percentual da despesa indireta central.
B (%) = taxa percentual de lucro líquido estimado.
IA (%) = soma de todos os impostos incidentes sobre o preço.

A fórmula da taxa de administração é uma fórmula iterativa, depende de seu próprio resultado para obter a resposta. Qualquer que seja o valor inicial adotado para ADM_0 será obtido o mesmo valor final. Quanto maior a diferença entre o valor inicialmente informado e a solução, maior o número de interações necessárias.

Observações:

- A taxa de ADM incide sobre o custo-base da obra.
- No contrato por administração, os impostos incidem somente sobre a receita do administrador, exigindo a aplicação de um coeficiente redutor.

Método adm. – rotina 1 – definição do custo-base

A fórmula de cálculo para determinação do custo que servirá de base para o cálculo é a seguinte:

Equação 32
Custo-base da taxa de administração

$$Cb = C + AL + CT$$

Em que:
C = custo direto de 1 obra expresso em $
AL = orçamento da administração expresso em $
CT = provisão para contingências expressa em $

Os cálculos de AL, CT e IZ seguem os mesmos critérios definidos no regime de empreitada.

Método adm. – rotina 2 – definição do custo-base anual

Num cálculo similar ao desenvolvido para empreitadas:

Equação 33
Custo-base anual
na taxa de administração

$$Cb_{anual} = N \times \frac{Cb}{T} \times 12$$

Em que: N é o número de obras simultâneas da construtora, Cb é o custo base da obra, T é o prazo da obra e Cb_{anual} é o custo-base de todas as obras da empresa nos próximos 12 meses.

Método adm. – rotina 3 – administração central

Ajustando a fórmula para empreitadas, temos:

Equação 34
Administração central,
no regime de administração

$$A_C (\%) = \frac{AC}{Cb\ anual} \times 100$$

Em que

A_C é a taxa de despesa indireta central expressa em porcentagem, AC é o orçamento administrativo da sede da empresa e Cb_{anual} é o custo direto de todas as obras da empresa a serem construídas nos próximos 12 meses, expresso em $.

Método adm. – rotina 4 – definição dos benefícios

Os benefícios, na taxa de administração, resumem-se, teoricamente, apenas ao lucro líquido desejado.

Despesa financeira não deverá haver, pois o contratante deve fornecer todos os recursos para a execução da obra, antecipadamente ou *just in time*, não havendo a necessidade de o construtor financiar a obra.

Os riscos foram assumidos pelo cliente e considerados na base da taxa, estando, portanto, fora do seu escopo. Resta então definir a taxa de lucro líquido L e apresentá-la como B[74]. Poderão ser adotados os mesmos lucros líquidos sugeridos para o regime de empreitada, na Tabela 4.4[75].

---

[74] As razões de não apresentar explicitamente o lucro estão apresentadas na explicação do conceito de benefícios, no Capítulo 4.

[75] Porém não se considera o componente IZ das incertezas, utilizado na empreitada, que são assumidas pelo contratante.

Método adm. – rotina 5 – definição da despesa tributária

A base da despesa tributária do construtor é o recebimento da taxa de administração, que por sua vez está baseada no custo da obra. Para uma obra com custo-base igual a 100, e taxa de administração de 10%, o preço do construtor é igual a 10.

Supondo um encargo tributário de 10%, ele incidirá sobre 10, ficando o valor do imposto igual a 1. Esta redução é obtida através do coeficiente de redução sobre o imposto aplicado na fórmula de ADM. A inclusão dos impostos na formação do preço de contratos de administração será efetuada pela variável IA, calculada pela seguinte fórmula:

Equação 35
Despesas tributárias, na taxa de administração

$$IA = IR + CSLL + Cofins + PIS + CPMF + ISS$$

Impostos	Alíquota na administração
Cofins	3%
PIS	0,65%
Imposto de renda	4,8%
CSLL	1,08%
CPMF	0,38%
ISS	5%
Total	**14,91%**

Tabela 6.1 Despesas tributárias no regime de administração.

Método adm. – rotina 6 – taxa de administração

Aplicação da Equação 31.

6.2 MEMÓRIA DE CÁLCULO

Para ilustrar o cálculo, será calculada a taxa de administração para a Obra 6, um prédio residencial de padrão de acabamento médio, com 1.800 m^2 de área construída.

Método adm. – rotina 1 – definição do custo-base

Utilizando a Equação 32:

$$Cb = C + AL + CT$$

Em que:
C = custo direto de 1 obra é de $138.042,00.
AL = orçamento da administração, sendo adotado o orçamento de $10.835,99 (Tabela 3.4, Obra 6).
CT = provisão para contingências, sendo adotado o percentual de 1,40% do custo direto, ou seja, 1,40% x 138.042,00 = $1.932,59, no regime de administração repassado ao contratante.

$$CB = 138.042,00 + 10.835,99 + 1.932,59$$
$$CB = \$150.810,58$$

Método adm. – rotina 2 – definição do custo-base anual

Os custos da empresa administradora incluem as despesas com administração local, aumentando seus custos anuais, que agora são de:

Usando a Equação 33:

$$Cb_{anual} = 3 \times 150.810,58 \times 12/11 = \$493.561,89$$

Método adm. – rotina 3 – administração central

Será adotado o orçamento da administração central da Tabela 7, coluna "Despesa anual", linha "construtora 6", que é de $54.128,28.

Usando a equação 34:

$$A_c = 54.128,28/493.561,89 = 10,97\%$$

Método adm. – rotina 4 – definição dos benefícios

Adotada a taxa de lucratividade líquida média, de 3,04%.
B = 3,04% (lucro líquido)

Método adm. – rotina 5 – definição da despesa tributária

Da Equação 35, tem-se:

IA (%) = IR (%) + CSLL (%) + Cofins (%) + PIS (%) + CPMF (%) + ISS (%)

Em que
IA = 14,91%, da Tabela 5.5.

Método adm. – rotina 6 – taxa de administração

Da Equação 31, considerando-se $ADM_o = 15\%$,

$$ADM_1 = \left\{ \frac{[1 + Ac] \times [1 + B]}{1 - \left[\dfrac{ADM_0}{1+ADM_0} \times IA\right]} - 1 \right\} \times 100$$

$$ADM_1 = \left\{ \frac{[1 + 0{,}1097] \times [1 + 0{,}0304]}{1 - \left[\dfrac{0{,}15}{1{,}15} \times 0{,}1491\right]} - 1 \right\} \times 100$$

$$ADM_1 = \left\{ \frac{1{,}1434}{1 - [0{,}1304 \times 0{,}1491]} - 1 \right\} \times 100$$

$$ADM_1 = \left\{ \frac{1{,}1434}{1 - 0{,}01944} - 1 \right\} \times 100$$

$$ADM_1 = \{1{,}1434/0{,}98056 - 1\} \times 100$$
$$ADM_1 = \{0{,}1661\} \times 100 = 16{,}61\%$$

Repetindo:

$$ADM_2 = \left\{ \frac{[1 + 0{,}1097] \times [1 + 0{,}0304]}{1 - \left[\dfrac{0{,}1661}{1{,}1661} - \times 0{,}1491\right]} - 1 \right\} \times 100$$

$$ADM_2 = \left\{ \frac{1{,}1434}{1 - [0{,}14244 \times 0{,}1491]} - 1 \right\} \times 100$$

$$ADM_2 = \left\{ \frac{1{,}1434}{1 - 0{,}02124} - 1 \right\} \times 100$$

$$ADM_2 = \left\{ \frac{1{,}1434}{0{,}97876} - 1 \right\} \times 100$$

$$ADM_2 = \{1{,}1682 - 1\} \times 100$$
$$ADM_2 = 0{,}1682 \times 100 = 16{,}82\%$$

Repetindo:

$$ADM_2 = \left\{\frac{[1 + 0{,}1097] \times [1 + 0{,}0304]}{1 - \left[\dfrac{0{,}1682}{1{,}1682} \times 0{,}1491\right]} - 1\right\} \times 100$$

$$ADM_2 = \left\{\frac{1{,}1434}{1 - [0{,}14398 \times 0{,}1491]} - 1\right\} \times 100$$

$$ADM_2 = \left\{\frac{1{,}1434}{1 - 0{,}02147} - 1\right\} \times 100$$

$$ADM_2 = \left\{\frac{1{,}1434}{0{,}97853} - 1\right\} \times 100$$

$$ADM_2 = \{1{,}1685 - 1\} \times 100$$
$$ADM_2 = 0{,}1685 \times 100 = 16{,}85\%$$

Repetindo:

$$ADM_2 = \left\{\frac{[1 + 0{,}1097] \times [1 + 0{,}0304]}{1 - \left[\dfrac{0{,}1685}{1{,}1685} \times 0{,}1491\right]} - 1\right\} \times 100$$

$$ADM_2 = \left\{\frac{1{,}1434}{1 - [0{,}14420 \times 0{,}1491]} - 1\right\} \times 100$$

$$ADM_2 = \left\{\frac{1{,}1434}{1 - 0{,}02150} - 1\right\} \times 100$$

$$ADM_2 = \left\{\frac{1{,}1434}{0{,}97850} - 1\right\} \times 100$$

$$ADM_2 = \{1{,}1685 - 1\} \times 100$$
$$ADM_2 = 0{,}1685 \times 100 = 16{,}85\%,\text{ mantendo o resultado e finalizando a iteração.}$$

Preço calculado

P = C x (1 + ADM (%)/100)
P = 150.810,58 x (1 + 16,85/100) = $176.222,16
P = $176.222,16

Composição do preço

Itens	Valores	Taxa sobre custo	Taxa sobre preço
Preço da obra	$176.222,16	116,85%	100%
(-) Custo-base	$150.810,58	100%	2,92%
Preço do administrador	**$25.411,58**	**16,85%**	**5,2%**
Despesas tributárias	$3.788,87	2,51%	1,82%
Benefícios	$5.087,58	3,37%	5,61%
Administração central	$16.543,92	10,97%	8,5%

Quadro 6.1 Preço e taxa de administração.

6.1 EXERCÍCIOS PROPOSTOS

1) Calcule a taxa de BDI para executar a obra descrita no item 5.4 no regime de administração. O sistema tributário passa a ser o lucro presumido. Todos os demais parâmetros aplicáveis permanecem.

2) Suponha que um construtor consegue repassar ao seu mercado algumas despesas de seu escritório central, considerando como custo-base suas despesas com técnico de planejamento, comprador, auxiliar administrativo, almoxarife, office-boy, automóvel e assessoria contábil (veja o orçamento do Quadro 5.10). Calcule a taxa de administração do exercício anterior, nesta nova condição.

Dicas:

a) Some o valor dos salários dos funcionários que serão pagos pelas obras

b) Acrescente 76% de encargos sociais

c) Some os valores mensais de serviços e equipamentos centrais a serem pagos pelas obras

d) Defina o valor mensal e o anual de economia na sede.

e) Calcule o novo AC.

f) Rateie a economia mensal da sede por três obras

g) Calcule o acréscimo da administração central

h) Calcule o novo AL.

i) Adote um lucro de 4% e um IA = 14,91%.

7

TAXA DE BDI E VOLUME DE OBRAS

Examinando-se as taxas de BDI calculadas no Capítulo 5, percebe-se a grande incidência das despesas administrativas na composição do preço e a necessidade do construtor questionar continuamente o nível destes gastos visando a aumentar sua competitividade. As contas gerais da administração devem ser compatíveis com o volume de obras e, em última análise, com o valor de mercado.

Neste capítulo, será estudado o dimensionamento das empresas construtoras apresentadas no Capítulo 3. Será que as despesas administrativas apresentadas no livro são elevadas?

Uma empresa com uma estrutura administrativa exagerada não conseguiria viabilizar nenhum negócio. A margem de contribuição para as contas gerais da administração de cada contrato seria elevada, a taxa de BDI enorme e o preço proibitivo. Outros construtores apresentariam propostas mais interessantes.

Por outro lado, se a estrutura administrativa for insuficiente, a empresa não conseguirá obter um custo real próximo ao custo orçado, sendo bem provável que irá gastar mais com a produção do que ganhará com a economia obtida no orçamento administrativo.

A taxa de BDI média praticada no mercado acaba influenciando diretamente o porte das empresas[76] e o prazo das obras.

---

[76] O tema deste capítulo é conhecido como relações custo/volume/lucro, assunto clássico da contabilidade gerencial, apresentado por Iudícibus (1984).

Taxas pequenas exigem a diluição das despesas administrativas num maior volume de obras, viabilizando apenas a existência de empresas maiores.

Por questões de ordem administrativa e financeira, empresas grandes devem construir obras grandes, para reduzir o número de clientes simultâneos e ter capacidade de atendê-los adequadamente. A situação ideal proposta no texto é a do construtor executar continuamente três obras ao mesmo tempo.

BDI alto possibilita a existência de empresas menores.

Como as despesas administrativas são função direta do tempo, uma taxa de BDI de mercado baixa, acaba exigindo um curto prazo de execução.

7.1 PONTO DE EQUILÍBRIO

O dimensionamento de uma empresa começa pelo cálculo do seu ponto de equilíbrio.

Ponto de equilíbrio pode ser definido como o volume de serviço em que as receitas totais de um construtor igualam seus gastos totais em um determinado período. Para empresas de edificações, é a área construída mínima que a empresa precisa executar durante um período para não ter prejuízo.

A equação genérica, na terminologia contábil, tem a seguinte forma:

$$\text{Volume de Serviço} = \frac{\text{Custo fixo periódico}}{\text{Lucro líquido por unidade de serviço}}$$

Normalmente, nas análises empresariais, raciocina-se com o período de um ano, particularizando a fórmula da seguinte maneira:

$$\text{Volume de Serviço Anual} = \frac{\text{Custo fixo anual}}{\text{Lucro líquido por unidade de serviço}}$$

Na aplicação para a construção civil, de acordo com a nomenclatura do texto, serão utilizadas as seguintes variáveis:

Administração central (AC, expresso em $/ano)

É o orçamento anual das despesas da administração central, composto por despesas que se mantêm inalteradas[77] em função do tempo, tais como salários, locações, depreciações, etc.

Encargos sobre o preço (E, expressa de forma decimal)

É a taxa de encargos incidentes sobre o preço, referente a despesas tributárias, despesas comerciais, despesas financeiras e incertezas.

Na empreitada, os encargos são os impostos acrescidos dos benefícios definidos para o método sintético, excluindo-se a meta de lucro.

Equação 36
Encargos para análise do equilíbrio na empreitada

$$E = IE + DC + F + IZ$$

Na administração, os encargos sobre o preço se resumem aos impostos.

Equação 37
Encargos para análise do equilíbrio na administração

$$E = IA$$

Custo-base (Cb, em R$ ou R$/m²)

É o custo-base definido para a administração de obras.

Utiliza-se o custo-base no ponto de equilíbrio, devido ao objetivo de se dimensionar as despesas na sede da empresa. As despesas da administração local, para fins de dimensionamento empresarial, devem estar equilibradas com o custo direto e o prazo da obra, dentro do custo-base. A taxa de administração local afeta o ponto de equilíbrio da empresa.

Preço de venda líquido (P_{Liq}, ambos em $ ou $/m²)

Em contratos por empreitada:

Equação 38
Preço líquido na empreitada

$$P_{Liq} = P \times (I - E)$$

Em contratos por administração:

Equação 39
Preço líquido na administração

$$P_{Liq} = Cb \times BDI_{adm} \times (I - E)$$

---

[77] Despesas fixas dentro de certos limites, condição válida nesta análise simplificada. Na prática, a despesa fixa aumenta em degraus, permanecendo fixa para determinada faixa de custos.

Em que:
P = preço de venda, ou preço unitário de venda, expresso em $ ou $/m²
Cb = custo-base, em $ ou $/m²
BDI_{adm} = taxa de administração da obra

Fórmulas do ponto de equilíbrio

Equação 40
Ponto de equilíbrio
em contratos
de empreitada

$$A_o = \frac{AC}{P_{LIQ} - Cb}$$

Equação 41
Ponto de equilíbrio
em contratos
por administração

$$A_o = \frac{AC}{Cb \times BDI_{adm} \times (1 - E)}$$

Em que
A_o, é o volume de serviço do ponto de equilíbrio.

O conceito de ponto de equilíbrio é o primeiro passo em direção ao planejamento econômico estratégico do negócio. Se o ponto de equilíbrio for alcançável, pode se desenvolver um estudo da faixa de lucratividade empresarial.

7.2 DIMENSIONAMENTO EMPRESARIAL

Dimensionar uma empresa consiste em torná-la competitiva, através do equilíbrio dos seus custos diretos, despesas indiretas e benefícios, com foco no cumprimento de seus contratos e na obtenção de lucro.

A determinação da faixa de lucratividade de uma empresa construtora trabalhando por empreitada pode ser obtida pela Equação 42.

Equação 42
Lucratividade
empresarial em função
do volume de serviço

$$L = Q \times \{[P \times (1 - E(\%))] - Cb\} - AC$$

Em que, vamos definir:
L = lucro anual, expresso em $.
Q = área construída anual, expresso em m², ou quantidades de obras construídas durante o ano.
P, E (%), Cb, AC são as mesmas variáveis do item anterior.

7.3 MEMÓRIA DE CÁLCULO

Para ilustrar o ponto de equilíbrio empresarial, serão analisados os portes e os orçamentos administrativos das empresas construtoras de referência, que executam as obras de referência apresentadas no texto.

São oito empresas construtoras, com três obras simultâneas e consecutivas cada (construtora 1 com três Obras 1, construtora 2 com três Obras 2 e assim por diante), cujos portes anuais em área construída e em total de obras executadas por ano são os seguintes:

Empresas	Projeção da produção anual	
	Área construída (m²)	Quantidade de obras (un.)
Construtora 1	855,00	18,0
Construtora 2	1.350,00	9,0
Construtora 3	1.350,00	4,5
Construtora 4	1.157,14	2,6
Construtora 5	4.050,00	4,5
Construtora 6	5.890,91	3,3
Construtora 7	10.800,00	2,0
Construtora 8	12.960,00	1,2

Quadro 7.1 Área construída e quantidades de obras por ano.

Os dados do Quadro 7.1 foram obtidos com a Equação 20. Tem-se para a construtora 1:

1. Substituindo-se o custo direto da obra, pela sua unidade, 1, sabendo-se que o prazo de cada obra é de 2 meses, obtém-se a quantidade de obras por ano planejada.

    3 obras x 1 x 12 meses do ano para 2 meses de obra = 18 obras/ano

2. Substituindo-se o custo direto da obra, pela sua área, 47,50 m², sabendo-se que o prazo de cada obra é de 2 meses, obtém-se a área construída planejada para o ano.

    3 obras x 47,50 m² x 12 meses do ano para 2 meses de obra = 855,00 m²/ano

Ponto de equilíbrio na empreitada

Um mesmo volume de obras pode ser bom ou ruim, dependendo da taxa de BDI média de mercado da região em que as empresas atuam ou do nicho de mercado que elas disputam.

Em nosso caso, para fins de análise, arbitramos este indicador em 38%[78], para o caso de prestação de serviço global no regime de empreitada. Considerando os custos diretos unitários apresentados na Tabela 5.1, são obtidos os preços unitários apresentados no Quadro 7.2.

A análise será desenvolvida com preços unitários visando a obter a área construída do ponto de equilíbrio, mas poderia ser desenvolvida também com os preços totais para cálculo da quantidade de obras.

Com os custos diretos apresentados no Quadro 7.2, pode-se calcular o custo-base para cada uma das obras. Foram consideradas as taxas de administração local calculadas na Tabela 3.4 e o nível médio de taxa de contingências de 2,36%.

Obras de edificações de referência	Custo unitário ($/m²) C	Preço com BDI de 38% P = 1,38 x C
Obra 1 – Residência de padrão de acabamento baixo	58,79	81,13
Obra 2 – Residência de padrão médio de acabamento	74,72	103,11
Obra 3 – Residência de padrão de acabamento médio/alto	104,03	143,56
Obra 4 – Residência de padrão de acabamento alto	143,36	197,84
Obra 5 – Prédio residencial de padrão de acabamento baixo	69,41	95,79
Obra 6 – Prédio residencial de padrão de acabamento médio	76,69	105,83
Obra 7 – Prédio residencial de padrão de acabamento médio/alto	94,52	130,44
Obra 8 – Prédio residencial de padrão de acabamento alto	108,46	149,67

Quadro 7.2 Preços unitários das obras de referência.

Utilizando-se a Equação 32:

Obras de edificações de referência	Custo direto C ($/m²)	Adm. local AL ($/m²)	Contingências CT ($/m²)	Custo-base Cb=C+AL+CT ($/m²)
Obra 1	58,79	1,30	1,39	61,48
Obra 2	74,72	2,43	1,76	78,91
Obra 3	104,03	14,02	2,46	120,51
Obra 4	143,36	19,55	3,38	166,29
Obra 5	69,41	6,07	1,64	77,12
Obra 6	76,69	6,02	1,81	84,52
Obra 7	94,52	5,32	2,23	102,07
Obra 8	108,46	5,62	2,56	116,64

Quadro 7.3 Custo-base para as obras de referência.

---

[78] Na composição do preço de contratos de empreitada, a taxa de BDI incide sobre o custo direto de produção.

Os orçamentos da administração central, do custo direto anual e da receita anual podem ser calculados.

Seja a carga tributária IE = 9,12%, a despesa comercial DC = 1,40%, a despesa financeira F = 0,40% e o nível de incertezas IZ = 1,40%. De acordo com a Equação 36:

$$E = IE + DC + F + IZ$$
$$E = 9,12\% + 1,40 + 0,40\% + 1,40\%$$
$$E = 12,32\%$$

Construtoras de referência	Administração central anual ($)	Custo base anual ($)	Receita anual (BDI=38%) ($)
Construtora 1	8.231,28	52.565,40	69.366,15
Construtora 2	15.285,00	106.528,50	139.198,50
Construtora 3	22.543,80	162.688,50	193.806,00
Construtora 4	25.095,48	192.421,29	228.929,14
Construtora 5	39.017,76	312.336,00	387.949,50
Construtora 6	54.128,28	497.899,64	623.434,91
Construtora 7	89.725,08	1.102.356,00	1.408.752,00
Construtora 8	90.733,32	1.511.654,40	1.939.723,20

Quadro 7.4 Parâmetros empresarias das empresas construtoras.

Pode-se assim calcular o preço líquido e o ganho por unidade de produção, conforme as equações definidas para contratos de *empreitada*, apresentados no quadro a seguir.

Obras de edificações de referência	Preço com BDI de 38% P ($/m²)	preço líquido p_{liq} ($/m²)	base Cb ($/m²)	Margem de contribuição p_{liq} − Cb ($/m²)
Obra 1	81,13	71,14	61,48	9,66
Obra 2	103,11	90,41	78,91	11,50
Obra 3	143,56	125,87	120,51	5,36
Obra 4	197,84	173,46	166,29	7,17
Obra 5	95,79	83,98	77,12	6,86
Obra 6	105,83	92,79	84,52	8,27
Obra 7	130,44	114,37	102,07	12,30
Obra 8	149,67	131,23	116,64	14,59

Quadro 7.5 Ganho por m² de área construída de cada empresa.

Agora podem ser calculados os resultados das empresas com a ajuda da Equação 42.

Cálculo do resultado anual da construtora 7.

Empresa planejada para construir 10.800 m² de obras por ano

Seu preço de venda é de $130,44/m².

Os encargos sobre o preço são de 12,32%

O custo-base é de $102,07/m².

O orçamento anual da administração central é de $89.725,08.

Sendo:

$$L = Q \times \{[P \times (1 - E(\%))] - Cb\} - AC$$
$$L = 10.800,00 \times \{[130,44 \times (1 - 0,1232) - 102,07\} - 89.725,08$$
$$L = 10.800,00 \times \{[130,44 \times 0,8768 - 102,07\} - 89.725,08$$
$$L = 10.800,00 \times \{[114,37 - 102,07\} - 89.725,08$$
$$L = 10.800,00 \times 12,30 - 89.725,08$$
$$L = 132.840,00 - 89.725,08 = \$43.114,92$$
$$L = \$43.114,92 \text{ por ano ou } 3,06\% \text{ da receita anual.}$$

Executando-se os cálculos em planilha, com mais casas decimais, foram obtidos os seguintes resultados:

Construtoras de referência	Lucro ($)	Lucro/preço (%)
Construtora 1	23,56	0,03%
Construtora 2	235,74	0,17%
Construtora 3	- 15.303,20	- 7,9%
Construtora 4	-16.791,70	-7,33%
Construtora 5	-11.199,64	-2,89%
Construtora 6	-5.400,19	-0,87%
Construtora 7	43.112,67	3,06%
Construtora 8	98.361,58	5,07%

Quadro 7.6 Resultado anual das construtoras de referência.

Quatro empresas apresentaram lucratividade e quatro empresas obtiveram prejuízo.

Com as fórmulas do texto, é possível calcular a área do ponto de equilíbrio de cada uma das construtoras. Além desta informação, será apresentado no Quadro 7.7, o número de obras por ano e o número de obras simultâneas e consecutivas, que elas deveriam executar para não ter nem lucro nem prejuízo.

Construtoras de referência	Área construída anual (m²)	Obras no ano	N = obras simultâneas consecutivas
Construtora 1	852	18,0	3,0
Construtora 2	1.329	8,9	3,0
Construtora 3	4.206	14,0	9,3
Construtora 4	3.500	7,8	9,1
Construtora 5	5.687	6,3	4,2
Construtora 6	6.545	3,6	3,3
Construtora 7	7.295	1,4	2,1
Construtora 8	6.219	0,6	1,5

Quadro 7.7 Parâmetros do ponto de equilíbrio.

Exemplos de cálculo:

Área construída do ponto de equilíbrio da construtora 6.

Com a ajuda da equação 40:

$A_o = AC/P_{liq} - Cb = 54.128,28/92,79 - 84,52 = 54.128,28/8,27$

$A_o = 6.545,13$, arredondado para 6.545 m²/ano.

Volume anual de obra – ponto de equilíbrio da construtora 6.

6.545 m²/1.800 m² de cada obra = 3,6 obras construídas no ano

Obras simultâneas e consecutivas do ponto de equilíbrio

Como $Cd_{anual} = n \times C \times 12/\text{prazo obra}$ e

Cd_{anual} = número de obras anuais x C, temos, simplificando:

N = número de obras anuais x prazo da obra/12

N= 3,6 x 11/12 N = 3,3 obras simultâneas e consecutivas.

Como foi considerada inicialmente a execução de três obras simultâneas e consecutivas, percebe-se, examinando o Quadro 7.7, que as construtoras 1, 2 e 6 estão bem próximas do ponto de equilíbrio, a taxa de BDI de mercado de 38% não lhes permitirá obter lucro.

As construtoras 3 e 4 de forma mais intensa e a construtora 5 sofrerão prejuízo. Os diretores não poderão efetuar suas retiradas pró-labore, entre outras complicações, salvo atinjam o volume de obras do ponto de equilíbrio.

As construtoras 7 e 8 são lucrativas, poderiam abaixar seu preço ou construir menos obras, sem qualquer problema.

BDI do ponto de equilíbrio

Um outro cálculo interessante é determinar qual a taxa de BDI mínima para que não haja prejuízo com o volume de obras a executar.

Sabendo que $P_{Liq} = P \times (1 - e)$ e que $P = C \times (1+BDI (\%))$

Temos que $P_{Liq} = C \times (1+BDI (\%)) \times (1 - e)$

Substituindo na equação 39, temos a forma de calcular o BDI utilizado para o cálculo do ponto de equilíbrio:

$$A_o = AC/P_{liq} - Cb$$
$$A_o = AC/[C \times (1+BDI (\%)) \times (1 - e) - Cb]$$
$$BDI (\%) = [AC + A_o \times Cb] / [A_o \times C \times (1 - e)]$$

Para calcular o BDI que alcança o equilíbrio para uma variação no volume de serviço (A), temos:

$$BDI (\%)_o = [AC + A \times Cb]/[A \times C \times (1 - e)] - 1$$

Calculando para a construtora 1, temos:

$$BDI (\%)_o = [8.231,28 + 855 \times 61,48]/[855 \times 58,79 \times (1 - 0,1232)] - 1$$
$$BDI (\%)_o = 60.796,68/44.072,75 - 1$$
$$BDI (\%)_o = 0,3795 = 37,95\%$$

Apresentam-se, no Quadro 7.8, as taxas de BDI que as construtoras teriam que praticar, caso tivessem o volume de serviço definido no Capítulo 3, para alcançar o ponto de equilíbrio.

BDI do ponto de equilíbrio

Empresas	BDI (%)
Construtora 1	37,95%
Construtora 2	37,73%
Construtora 3	50,43%
Construtora 4	49,55%
Construtora 5	42,55%
Construtora 6	39,36%
Construtora 7	33,19%
Construtora 8	30,02%

Quadro 7.8 BDI do ponto de equilíbrio.

O gráfico do ponto de equilíbrio da construtora 7 é o seguinte:

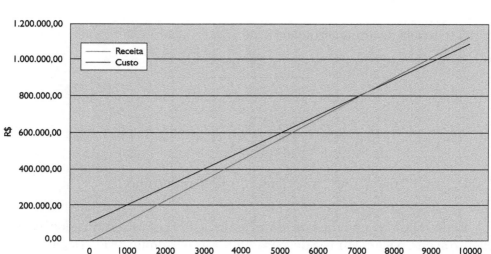

Figura 7.1 Ponto de Equilíbrio Construtora 7.

Ponto de equilíbrio na administração de obras

Seja calcular o ponto de equilíbrio da construtora 6, supondo que ela trabalha no regime de administração, cobrando uma taxa de 10%.

Seja:

AC = $54.128,28, do Quadro 7.4

Cb = $84,52/m², do Quadro 7.3

$BDI_{adm} = 0,10$

E = 11%, adotado.

Da Equação 41:

$$P_o = \frac{AC}{Cb \times BDI_{adm} \times (1 - E)}$$

$$P_o = \frac{54.128,28}{84,52 \times 0,10 \times (1 - 0,11)}$$

$$P_o = \frac{54.128,28}{84,52 \times 0,10 \times 0,89} = 7.196,00 \text{ m}^2$$

$P_o = 7.196,00\ m^2$, ou administrar 4,00 prédios de 1800 m^2 no ano.

E se a taxa de administração for de 15%?

$$P_o = \frac{54.128,28}{84,52 \times 0,15 \times (1 - 0,11)}$$

$$P_o = \frac{54.128,28}{84,52 \times 0,1335} = 4.966,38\ m^2$$

$P_o = 4.798,61\ m^2$, ou 2,67 prédios de 1800 m^2 no ano.

Estes volumes mínimos de obras podem ser bastante reduzidos, caso o cliente aceite pagar algumas despesas centrais na administração local.

Obras de portes diferentes na mesma empresa

Quando a empresa executa mais de um tipo ou porte de obra, podem ser aplicadas as equações apresentadas de forma cumulativa.

Divide-se a despesa administrativa central pelos tipos de produto e, em seguida, calculam-se as quantidades de serviço necessárias para pagar cada quinhão da despesa da sede.

Empreitada e administração na mesma empresa

Quando a empresa executa simultaneamente obras nos regimes de empreitada e de administração, também podem ser aplicadas as equações apresentadas de forma cumulativa.

Divide-se a despesa administrativa central pelos tipos de contrato e, em seguida, calculam-se as quantidades de serviço necessárias para pagar suas cotas da despesa da sede.

7.4 EXERCÍCIOS PROPOSTOS

Supondo que não há como negociar uma taxa de BDI diferente dos 38% que o mercado de uma determinada região aceita pagar, resolva os exercícios a seguir.

1) Mantendo todos os demais dados definidos neste capítulo, calcule qual a despesa mensal no canteiro das obras de referência 1, 2 e 6 que faria que as

empresas 1, 2 e 6 passassem a estar no ponto de equilíbrio, não tendo lucro nem prejuízo. Considere prestação de serviço global e regime de empreitada.

2) Mantendo todos os demais dados definidos neste capítulo, calcule qual a despesa mensal na sede das construtoras de referência 7 e 8 que faria que as empresas passassem a estar no ponto de equilíbrio, não tendo lucro nem prejuízo. Considere prestação de serviço global e regime de empreitada.

3) Mantendo todos os demais dados definidos neste capítulo, calcule qual o prazo de execução das obras de referência 3, 4 e 5 que faria que as construtoras 3, 4 e 5 passassem a estar no ponto de equilíbrio, não tendo lucro nem prejuízo. Considere prestação de serviço global e regime de empreitada.

A APRESENTAÇÃO DO PREÇO

Muitos preços de obras são tratados apenas no âmbito comercial.

Um contratante define sua WBS formal, discriminando e quantificando o conjunto de serviços que entende compor a obra. Um construtor consulta o orçamento de referência e, em função de seu feeling empresarial, oferece um desconto. O contratante aceita a redução no preço e ambos assinam o contrato. A comercialização foi desenvolvida sem a composição técnica do preço.

A crítica que se pode fazer diante deste tratamento superficial dispensado ao orçamento é a grande possibilidade de o contrato ser bem mais interessante para uma parte do que para a outra. Diante de um contratante que queira pagar muito bem a um construtor, não há o que se possa dizer. O problema aparece quando o construtor, em função de um baixo preço, não consegue entregar a obra ou, em um caso ainda pior, quando as obrigações assumidas pelo construtor geram custos maiores que a receita em um prejuízo tal que o leva à falência.

Sem dúvida, toda aprovação de um preço vai ser finalizada em uma negociação comercial, na qual o valor de mercado é importante, mas é necessário formar o preço da obra para planejar a existência de recursos que garantam o cumprimento do contrato.

Apresentar o preço é mais fácil do que calculá-lo detalhadamente ou do que executar adequadamente a obra.

Valor de mercado

A noção de valor do contratante, no aspecto econômico, se restringe ao exame do preço proposto, da taxa de BDI e, em menor escala, à taxa de encargos sociais.

Na maioria dos setores, o preço é o único objeto da análise. Na compra de um veículo, por exemplo, não se pergunta pela taxa de BDI da GM, da Ford ou da Fiat.

No entanto, o foco na margem bruta é uma característica do setor da construção. Explica-se o fato devido à possibilidade de as empresas contratantes poderem elaborar seu levantamento de custos próprio e, assim, ter uma referência para questionar as propostas comerciais dos construtores.

Um outro aspecto comercial importante é a visão um tanto quanto comum entre leigos e políticos de que a taxa de BDI é margem de lucro e de que o contratante que paga taxas de BDI mais altas está superfaturando o contrato para exigir comissão. Neste contexto, o construtor que cobra taxa de BDI alta não seria honesto.

Também existe um valor tradicionalmente atribuído ao BDI para prestação de serviço global, de 30%, vindo da época[79] em que se ganhava dinheiro com aplicações financeiras e não com a margem de lucro operacional.

Em face do exposto, contratantes e construtores precisam desenvolver estratégias para apresentar e aprovar preços.

8.1 ORÇAMENTO INTERNO

O foco da elaboração do orçamento interno do construtor é a estimativa de todos os gastos a serem gerados pela execução da obra, a fim de avaliar a lucratividade do contrato.

Na análise interna do construtor, ele faz uso de seu know-how interno, da WBS que entende ser mais aplicável, do seu programa de orçamentos, de sua base de dados de composições unitárias e cotações e do orçamento de alguns componentes internos que tem um caráter íntimo e que podem ser considerados politicamente incorretos.

Nesta fase, não tem muita importância o orçamento de referência, os itens da planilha oficial, a noção de valor do mercado, e destacam-se as estratégias internas a serem utilizadas no planejamento executivo da obra.

---

[79] No artigo 30 anos de BDI, é analisada a evolução da taxa de BDI em função do tempo, e se constata que já houve tempo em que o lucro do construtor beirava os 30%, inicialmente de caráter comercial e posteriormente de caráter financeiro, até o Plano Real. De lá para cá, a saída encontrada para viabilizar os contratos de empreitada tem sido "maquiar" a WBS. Silva, M.B. (2002)

O orçamento interno do construtor poderá ser preparado com taxa nula de BDI, bastando que todos os itens de custo, despesas indiretas e benefícios sejam discriminados na WBS. Ninguém irá examinar seu formato ou conteúdo e não há nada a esconder.

No Quadro 8.1, apresenta-se a ilustração do orçamento proposto de um construtor, utilizando-se uma linguagem coloquial, relacionando-se todas as entregas externas e entregas internas em um contrato de empreitada.

	Descrição dos serviços	Un.	Quant.	P. unit.	P. total
1	Concreto (e outro materiais)	m^3	2.000,00	17,70	35.400,00
2	Grua (e outros equipamentos)	H	1.200,00	1,90	2.280,00
3	Pedreiro (e todos os operários)	H	35.000,00	0,70	24.500,00
4	Viagens para elaboração do orçamento	VB	1,00	372,20	372,20
5	Viagens para mobilização	VB	1,00	744,40	744,40
6	Instalações provisórias no canteiro	m^2	100,00	4,30	430,00
7	Salários e encargos do engenheiro	mês	6,00	496,30	2.977,80
8	Salários e encargos do almoxarife	mês	6,00	124,10	744,60
9	Salários e encargos do vigia	mês	6,00	124,10	744,60
10	Rateio do Aluguel do escritório da firma	mês	6,00	186,10	1.116,60
11	Verba para sobrevivência do diretor	VB	6,00	496,30	2.977,80
12	Salários e vantagens da secretária	VB	6,00	124,10	744,60
13	Juros a serem pagos ao banco	VB	1,00	372,20	372,20
14	Falhas que acontecerão durante a obra	VB	1,00	1.861,00	1.861,00
15	Lucro	mês	6,00	1.240,70	7.444,20
16	Remuneração de intermediário	VB	1,00	4.962,80	4.962,80
17	Repasse para o sócio majoritário (governo)	VB	1,00	9.925,60	9.925,60
	Total				97.598,40

Quadro 8.1 Ilustração de orçamento interno de um construtor.

O primeiro item, concreto, representa todos os materiais de construção da obra embutidos em todas as composições de custo unitário dos serviços de construção. O segundo item, grua, representa todos os equipamentos que serão utilizados em todas as composições de custo unitário dos serviços de construção. O terceiro item, pedreiro, representa toda a mão-de-obra de operários que serão utilizados em todas as composições de custo unitário dos serviços de construção.

Os demais itens representam as verbas e provisões que foram adotadas na composição interna do preço. Pergunta: seria possível apresentar uma proposta comercial assim para um contrato de empreitada? Mesmo refinando a nomenclatura?

A resposta deve ser negativa. O orçamento interno pode estimar com precisão dos os gastos, mas não foi elaborado para ser apresentado a terceiros, e muito menos para ser um documento oficial.

8.2 WBS DO PRODUTO

A forma mais objetiva de se contratar uma obra que tenha projetos com um ótimo nível de detalhamento e que não esteja exposta a alterações posteriores nas quantidades dos serviços é pelo preço global. Economiza-se o árduo trabalho de elaborar medições detalhadas e contínuas dos serviços.

Em obras que possuem um bom detalhamento, mas que estão sujeitas a alterações na qualidade e quantidade dos serviços, numa proporção de até 25% de variação nos custos, o sistema adequado é o preço unitário. Neste sistema, paga-se somente pelos serviços (centenas ou milhares) que foram executados, orçados e medidos um a um.

Na contratação da obra por preços unitários, a obra, o produto final, deve ser decomposta em partes menores, as atividades construtivas e os serviços de construção, para facilitar a orçamentação e a medição. A medição deverá identificar e quantificar serviços concretos e mensuráveis, durante as visitas técnicas programadas.

Por esta razão, o custeio direto é tecnicamente o mais indicado, pois se paga só pelo que comprovadamente se fez, parte dos serviços de construção listados na planilha orçamentária da obra.

A WBS do produto, na continuação da ilustração anterior, seria a seguinte:

	Descrição dos serviços	Un.	Quant.	P. unit.	P. total
1	Concreto (e outros materiais)	m³	2.000,00	27,782	55.564,23
2	Grua (e outros equipamentos)	H	1.200,00	2,9823	3.578,71
3	Pedreiro (e todos os operários)	H	35.000,00	1,0987	38.455,46
	Total				97.598,40

Quadro 8.2 WBS para contrato de empreitada por preços unitários.

O inconveniente gerado pela prática deste orçamento consiste no fato de todos os serviços indiretos (os itens de 4 a 17 no Quadro 8.1) precisarem ter seus orçamentos distribuídos entre os itens 1, 2 e 3, resultando por uma taxa de BDI que pode ser considerada alta, no caso, 56,96% (97.598,40/62.180,00[80] – 1).

---

[80] O valor de $62.180,00 consiste na soma dos três primeiros itens do Quadro 8.1, que representam o custo direto de construção.

8.3 WBS FORMAL

Quando a preocupação do cliente é apenas o preço total, a WBS do produto é a mais indicada, pois informa o preço de tudo que é concreto e deixa de lado tudo que é intangível.

Mas quando a preocupação é a taxa de BDI, a preocupação passa para os itens que compõem a WBS formal. Quanto mais itens listados menor fica o BDI.

Vamos supor que uma empresa contratante não aceita de forma alguma uma taxa de BDI superior a 25%. Ela precisará construir a planilha orçamentária oficial, de um modo que fiquem ocultos, no máximo, 25% do custo do orçamento interno do construtor.

Examine a WBS formal, criada pelo contratante e preenchida pelo construtor, relacionada com os dados anteriores,

	Descrição dos serviços	Un.	Quant.	P. unit.	P. total
1	Concreto (e outro materiais)	m³	2.000,00	22,11	44.220,00
2	Grua (e outros equipamentos)	H	1.200,00	2,37	2.844,00
3	Pedreiro (e todos os operários)	H	35.000,00	0,87	30.450,00
4					
5					
6	Instalações provisórias no canteiro	m²	100,00	5,37	537,00
7	Salários e encargos do engenheiro	mês	6,00	620,05	3.720,30
8	Salários e encargos do almoxarife	mês	6,00	155,04	930,24
9	Salários e encargos do vigia	mês	6,00	155,04	930,24
10					
11					
12	Salários e vantagens da secretária	VB	6,00	155,04	930,24
13	Juros a serem pagos ao banco	VB	1,00	465,01	465,01
14					
15					
16					
17	Repasse para o sócio majoritário (governo)	VB	1,00	12.571,37	12.571,37
	Total				97.598,40

Quadro 8.3 Planilha orçamentária de acordo com critérios comerciais.

O importante aqui é que a contratação pareça boa aos olhos de políticos, leigos, e dos tribunais de contas, no caso de obras públicas.

As alterações entre a WBS formal e a WBS interna são as seguintes:

a) Alguns itens do orçamento interno foram omitidos.

b) O preço total foi mantido, porque já era conhecido e foi considerado bom.

c) A quantidade de serviço de cada item foi mantida.

d) Os preços unitários dos itens foram majorados na mesma proporção da participação financeira dos itens omitidos.

O custo dos itens ocultos no Quadro 8.4 (4,5,10,11,14,15,16) representa 24,93% do custo dos itens listados no Quadro 8.1.

Custo dos itens ocultos

(372,20 + 744,40 + 1.116,60 + 2.977,80 + 1.861,00 + 7.444,20 + 4.962,80) = 19.479,00

Custo dos Itens Listados

97.598,40 - 19.479,00 = 78.119,40

Proporção de Itens Ocultos/Itens Listados

19.479,00/78.119,40 = 24,93%   (menor de 25%, como desejado)

Os custos unitários do Quadro 8.1 foram aumentados em 24,93%, para se obter o mesmo preço do orçamento interno, o orçamento a ser proposto. Esta é a taxa de BDI formal.

Percebe-se a diferença entre a atividade de compor o preço e a de apresentar o preço. Neste caso, o preço já estava composto internamente no Quadro 8.1 e, após a aplicação de modificações efetuadas com base em diretrizes comerciais, o mesmo preço passa a ser apresentado ao mercado no Quadro 8.3.

Apresentam-se a seguir alguns inconvenientes decorrentes da prática comercial de se discriminar despesas indiretas na planilha para reduzir a taxa de BDI[81]:

- Num contrato de empreitada, compra-se a tarefa feita, a "coisa pronta", na qualidade e no prazo exigidos, não se paga a presença de funcionários como no caso da contratação por administração. Para liberar a medição de um mês de engenheiro com rigor, talvez fosse necessário manter alguém controlando seu cartão ponto e, caso precise sair do canteiro, investigar se estava trabalhando no interesse da obra, em favor de outras obras, ou resolvendo compromissos pessoais.
- Como medir o preço mensal de um veículo da empresa construtora incluído no orçamento? Não se trata dum carro alugado e posto à disposição do cliente, é um carro da estrutura administrativa do construtor, utilizado em seu interesse particular.
- Como medir o serviço de mobilização? Verbas para serviços administrativos?

---

[81] Na ilustração apresentada, a inclusão de 7 itens na planilha reduziu o BDI de 56,96% para 24,93%.

- Pagando-se explicitamente pela despesa fixa, o construtor vincula, administrativa e judicialmente, o pagamento do item em função do prazo da obra. Se a obra for paralisada ou se a obra atrasar, aumentando o prazo de execução, facilita-se o recebimento dos meses extras de trabalho. Uma situação incompatível com o preço fixo da empreitada.

8.4 BDI FORMAL

A taxa de BDI formal é obtida pela definição do custo formal.

Conhecidos o preço e a taxa de BDI desejada, é necessário calcular o parâmetro $X a acrescentar no custo e a deduzir simultaneamente da despesa indireta, para obter a taxa de BDI Formal.

O valor de X pode ser obtido pela Equação 43.

Equação 43
Acréscimo no custo direto para obter o custo formal

$$X = \frac{DI + B - BDI_F \times custo}{(1 + BDI_F)}$$

Em que:
DI = Despesa Indireta, $
Custo = Custo direto, em $
B = benefícios, em $
BDI_F = taxa de BDI formal desejada, em decimais

O objetivo da fórmula é destacar o valor exato a ser reclassificado.

Exemplo de cálculo:

Calculado um BDI de 40%, em que DI = 35, B = 5 e C = 100, deseja-se apresentar o preço com um BDI de 28%. Qual o valor que deverá ser digitado a mais na planilha de custo, e ao mesmo tempo diminuído da despesa indireta, para que o preço P = $140 possa ser apresentado com o BDI desejado?

$$X = \frac{35 + 5 - 0,28 \times 100}{(1 + 0,28)} = \frac{40 - 28}{1,28} = \frac{12}{1,28} = 9,375$$

Resposta: Os itens de custo deverão ser acrescidos em $9,375.
Custo Formal = Custo + X = 100 + 9,375 = 109,375
Confirmando a obtenção do BDI desejado:
DI apresentada = DI – X = 35 – 9,375 = 25,625

$$BDI_{COM} = \frac{25{,}625 + 5}{109{,}375} = \frac{30{,}625}{109{,}375} = 0{,}28 = 28\%$$

Majorando o custo direto

O acréscimo de X ao custo direto (e a correspondente redução de X nas despesas indiretas) pode ser feito de várias maneiras:

- Aumentando-se artificialmente o preço dos insumos nas composições de preço unitário.
- Aumentando-se artificialmente a perda ou desperdício de materiais nas composições de preço unitário.
- Aumentando-se artificialmente a taxa de encargos sociais do orçamento.
- Aumentando-se artificialmente o custo dos equipamentos.
- Aumentando-se artificialmente o valor das verbas existentes
- Listando no orçamento despesas indiretas (quando for possível alterar a planilha orçamentária)

O valor total do orçamento apresentado deve permanecer o mesmo.

Algumas despesas indiretas que podem ser consideradas como itens de custo:

Descrição	Unid.	Comentários
Projetos diversos	VB/m^2	Além da cobrança pelos projetos de engenharia, arquitetura e do as-built, incluir verbas para detalhar e compatibilizar estes projetos.
Transporte de equipe técnica	VB	Cobrar explicitamente pelo transporte de diretores, gerentes e consultores, que deveriam estar orçados na administração local da obra. Observação: como orçar, controlar e medir este item?
Taxas, emolumentos, alvarás, registros	VB	Repassar diretamente ao cliente as despesas com documentação com valores significativamente majorados.
Sondagens e levantamentos topográficos	VB	Listar itens que se referem à elaboração dos projetos na planilha da obra.
Mobilização	VB	Cobrar explicitamente pelas despesas de mobilização verbas generosas para reduzir os indiretos e fazer caixa no começo da obra.

Transporte horizontal/vertical	VB/m²	Cobrança complementar ou duplicada de serviços que podem ter sido considerados na composição de consumo unitário, permitindo reduzir o BDI.
Andaimes/proteções/segurança coletiva	VB	Adoção de verba superior à real, ou de itens já considerados em outros serviços do orçamento.
Funcionários no canteiro de obras (engenheiro, mestre, apontador, almoxarife, guarda e outros).	VB	Cobrar diretamente o salário dos funcionários do canteiro-de-obras, como se fosse um contrato por administração.
Ambulatório/enfermaria/medicina do trabalho	VB	Incluir os serviços médicos como serviços de obra.
Construções provisórias (escritórios, refeitórios, vestiários, sanitários, almoxarifado e afins).	VB/m²	Retirar estas despesas do orçamento da administração local e cobrar diretamente.
Desmobilização	VB	Aumentar artificialmente o valor desta verba.
Limpeza permanente da obra	VB	Cobrar separadamente por serviço já considerado no planejamento da obra dentro das composições de preço, se for o caso.
Habite-se	VB	Incluir verba superior à necessária, ou em obra em que não é necessário apresentar.

Quadro 8.4 Despesas indiretas tratadas como custo.

As principais taxas de BDI calculadas nos outros capítulos estão sintetizadas na Tabela 8.5.

Obra	Contrato	Fornecimento	Método	BDI
Obra 7	Empreitada, reajustamento mensal.	Global	Sintético, com lucro presumido.	37,19%
Obra 7	Empreitada, reajustamento anual.	Global	Analítico, com lucro real.	40,61%
Obra 6	Empreitada, reajustamento mensal.	Global	Sintético, com lucro presumido.	40,15%
Obra 6	Empreitada, reajustamento mensal e duas taxas de BDI.	Fornecimento de materiais e equipamentos	Sintético, com lucro presumido.	27,35%
Obra 6	Empreitada, reajustamento e duas taxas de BDI.	Prestação de serviços especializados	Sintético, com lucro mensalpresumido.	57,79%

Obra 6	Empreitada, reajustamento mensal.	Prestação de serviços especializados.	Sintético, com lucro presumido.	88,98%
Obra 6	Sub-Empreitada, reajustamento mensal.	Subempreitada	Sintético, com lucro presumido.	44.73%
Obra 6	Empreitada, reajustamento mensal.	Prestação de serviços com terceirização.	Sintético, com lucro presumido.	37,71%

Quadro 8.5 Taxas de BDI apresentadas no livro.

Caso o leitor deseje ajustar as taxas apresentadas no livro para fins comerciais, basta calcular o BDI formal com as orientações deste capítulo.

8.5 EXERCÍCIOS PROPOSTOS

1) Um *contratante* recebeu uma proposta de $20.000 para a execução de uma obra, em que o *construtor* considerou uma *taxa de BDI* de 20%, dizendo haver dentro dela um benefício de 5% sobre os custos. Apesar de achar interessante o *preço*, o *contratante* não queria contratar formalmente um BDI tão baixo. Em função disso, pediu ao construtor que reformulasse sua proposta, mantendo o preço de $20.000,00, mas apresentando uma taxa de BDI de 35%.

Qual é o valor do custo direto proposto?

Qual o valor do lucro proposto?

Qual o valor do custo formal que resultará no BDI desejado?

2) Após calcular a taxa de BDI de 40,15% apresentada na Tabela 8.5, um *construtor* entendeu ser uma margem alta para apresentar ao seu cliente, que parece aceitar uma margem de 35%. Pesquise os valores absolutos deste cálculo de BDI já efetuado no texto e calcule o custo formal que possibilitará a obtenção da taxa de BDI desejada.

REFERÊNCIAS BIBLIOGRÁFICAS

IUDÍCIBUS, S. *Contabilidade gerencial.* São Paulo: Atlas, 1987.

DURAN, O; RADAELLI, L. *Metodologia ABC:* implantação numa microempresa. Gestão e Produção, v. 7, n. 2, p. 118-135, ago. 2000.

LAPPONI, J.C. *Matemática financeira usando Excel 5 e 7.* São Paulo: Lapponi Treinamento e Consultoria. São Paulo, 1996.

LIMA Jr., J.R. *BDI nos preços das empreitadas* – uma prática frágil. BT/PCC/95, São Paulo: Epusp, 1995.

MAUAD, L.G.A.; PAMPLONA, E.O. *O custeio ABC em empresas de serviços:* características observadas na implantação em uma empresa do setor. São Paulo. IX Congresso Brasileiro de Custos. Outubro de 2002.

PINI. *TCPO 2003:* tabelas de composição de preços para orçamentos. São Paulo: PINI, 2003, 441p.

PMI, *Guia Pmbok:* Conjunto de Conhecimentos em Gerenciamento de Projetos. Pennsylvania: Project Management Institute, 2004a, 405p.

———, *Pmbok Guide:* A guide to the project management body of knowledge. Pennsylvania: Project Management Institute, 2004b, 403p

———, *Construction extension to:* a guide to the project management body of knowledge – 2000 Edition. Pennsylvania: Project Management Institute, 2003, 173p.

SALAZAR, S. *Costo y tiempo en edificación.* México: Limusa, 1980.

SILVA, M.B. BDI: mito conceitual ou comercial. *Revista Construção Mercado.* São Paulo, fev. 1994.

———, 30 anos de BDI. *Revista Construção Mercado.* São Paulo, set. 2002.

———, *TCPO 2003:* Capítulo: Taxa de Benefícios e Despesas Indiretas. São Paulo: PINI, 2003.

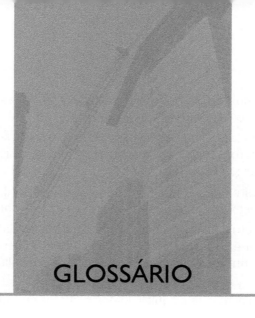

GLOSSÁRIO

ADMINISTRAÇÃO – regime contratual em que o contratante assume o custo direto, a administração local, a despesa financeira do financiamento da obra e o risco do projeto, pagando ao construtor uma taxa de administração ou uma remuneração fixa mensal. É o Cost-Reimbursable Contract, em que são reembolsados os custos acrescidos de uma margem de lucro.

ADMINISTRAÇÃO CENTRAL – as despesas gerenciais na sede do construtor.

ADMINISTRAÇÃO LOCAL – as despesas administrativas do canteiro-de-obra.

AVERSÃO AO RISCO – é o posicionamento que se tem frente ao lado desfavorável do risco, as ameaças, que pode gerar um forte receio e a disposição de se pagar mais para reduzi-lo.

BDI – forma simplificada de se referir à taxa de BDI – Benefícios e Despesas Indiretas.

BDI FORMAL – taxa de BDI ajustada para um valor previamente desejado por meio da definição do custo formal, em contrato de empreitada.

BENEFÍCIOS – variável que compõe o preço e inclui tudo que não for classificado como custo direto ou despesa indireta. Seu conteúdo varia em função do critério utilizado para a apresentação do preço ou do método (sintético ou analítico) adotado. Refere-se ao construtor, embora o governo, o contratante, os fornecedores e os operários também tenham benefícios com a construção.

CONSTRUTOR – pessoa física ou jurídica responsável pela prestação de serviço global, de serviços especializados, de serviços ou pelo fornecimento de materiais de construção.

CONTINGÊNCIAS –provisão de recursos que inclui o risco na composição do preço.

CONTRATANTE – pessoa física ou jurídica que define o escopo do projeto e contrata o construtor para executá-lo, definindo o tipo de prestação de serviço e o regime contratual.

CONTRATO – acordo que gera obrigações para as partes e obriga o construtor a executar a obra e o contratante a pagar por elas.

CUSTO – valor monetário de um serviço ou do conjunto de serviços que compõe a entrega de um projeto. Numa visão macro, o custo é o esforço do contratante em financiar e executar todo o PROJETO.

CUSTO-BASE – custo que serve de base para a aplicação da taxa de administração, incluindo o custo direto, a administração local e as contingências.

CUSTO REAL – Actual Cost, o custo acumulado do trabalho realizado em um período de tempo, até o presente ou no final da obra. No gerenciamento de projetos, este custo é continuamente comparado com o valor planejado e com o valor agregado.

CUSTO DIRETO – gasto com a aquisição dos recursos cujos consumos estão diretamente relacionados com a quantidade de serviços de construção projetados que compõe a entrega externa do projeto.

CUSTO FORMAL – o custo dos itens discriminados na WBS do orçamento.

DESPESAS ADMINISTRATIVAS – despesas mensais da estrutura de suporte no canteiro-de-obra e na sede do construtor.

DESPESAS COMERCIAIS – as despesas indiretas do construtor para divulgação no mercado e captação de novos contratos.

DESPESAS FINANCEIRAS – as despesas indiretas com o financiamento do contrato.

DESPESAS INDIRETAS – tudo o que não for classificado de custo direto ou benefícios. São as despesas empresariais que não podem ser estimadas através da quantidades de serviços de construção projetados.

DESPESAS TRIBUTÁRIAS – as despesas indiretas com o pagamento de tributos.

EMPREITADA – regime contratual em que o construtor se obriga a executar o projeto em um preço fixo, assumindo o custo direto, a administração local, a administração central, a despesa financeira, a despesa comercial, a despesa tributária, o risco e a incerteza da economia. É o FFP – Firm Fixed Price, o preço a ser pago pelo contratante, independentemente do custo real do construtor.

ENTREGA – Delivery, qualquer produto, resultado ou capacidade para realizar um serviço exclusivo e verificável que deve ser produzido para terminar um processo, uma fase ou um projeto.

ENTREGA EXTERNA – a entrega para o contratante, sujeita à sua aprovação.

ENTREGA INTERNA – a entrega para o projeto, feita pelo construtor, para tornar possível executar uma ou mais entregas externas.

ESTIMATIVA DE CUSTO – processo de desenvolvimento de uma aproximação do custo dos recursos necessários para executar as atividades de um projeto.

FORNECIMENTO DE MATERIAIS – fornecimento de materiais de construção e equipamentos de construção civil.

FLUXO DE CAIXA – planilha com a projeção das receitas e despesas mensais da obra.

GASTO – pagamento geral, não classificado como custo ou despesa pelo autor.

INFLAÇÃO – perda sistemática do poder de compra da moeda em função da qual passa a ser necessário mais dinheiro para executar a obra.

LUCRO – ganho real do construtor apurado no final do contrato, após o pagamento do custo direto e das despesas indiretas, inclusive dos gastos com eventual manutenção após a entrega da obra. Equivale ao lucro líquido final do projeto.

LUCRO ORÇADO – meta de lucro adotada pelo orçamentista e embutida no preço da obra.

LUCRO PRESUMIDO – meta de lucro definida pelo governo para o construtor, com base na qual são calculados o imposto de renda e a contribuição sobre o lucro líquido.

LUCRO REAL, lucro apurado pelo balanço contábil do construtor, de acordo com a legislação tributária, que serve de base para o cálculo do imposto de renda e da contribuição sobre o lucro líquido.

MARGEM DE CONTRIBUIÇÃO – diferença entre o preço e o custo direto unitário que irá auxiliar a empresa apagar duas despesas indiretas; também usada para designar a parte do preço responsável pelo pagamento da despesa administrativa.

MARGEM DE SEGURANÇA PRELIMINAR – provisão orçamentária calculada após os componentes básicos serem descontados do preço, apresentada em forma de proporção do custo direto.

MOEDA – unidade através da qual se expressam as vantagens e os encargos na análise econômica da obra.

PRESTAÇÃO DE SERVIÇO GLOBAL – fornecimento de materiais de construção, equipamentos e mão-de-obra de construção civil.

PRESTAÇÃO DE SERVIÇOS – fornecimento de mão-de-obra própria ou terceirizada.

PRESTAÇÃO DE SERVIÇOS ESPECIALIZADOS – prestação de serviço global, excetuando-se a cotação, compra e pagamento dos materiais de construção e equipamentos, atividades de responsabilidade do contratante.

ORÇAMENTAÇÃO – Cost Budgeting, processo de agregação das estimativas de custo das atividades do projeto para a definição do orçamento proposto.

ORÇAMENTO – refere-se ao orçamento em geral, tanto ao orçamento proposto quanto orçamento aprovado.

ORÇAMENTO APROVADO – orçamento proposto após a aceitação do contratante, contendo as eventuais alterações negociadas para a assinatura do contrato.

ORÇAMENTO DE REFERÊNCIA – Orçamento proposto pelo contratante no início da negociação da obra ou da licitação.

ORÇAMENTO INTERNO – estimativa de custo interno expressa em uma WBS, com as entregas externas e internas do projeto que permite gerenciar internamente seu custo.

ORÇAMENTO PROPOSTO – orçamento que conclui o processo de orçamentação e se encontra pronto para ser apresentado ao cliente mas não tendo sido ainda aprovado.

PLANILHA ORÇAMENTÁRIA – WBS específica do orçamento e do contrato da obra.

Pmbok – Project Management Body of Knowledge, publicação do PMI com um conjunto de conhecimentos para a área de Gerenciamento de projetos.

PREÇO – soma do custo direto com as despesas indiretas e com os benefícios que depois de pago pelo contratante se transforma em receita.

PREÇO DE MERCADO – a média do preço praticado por contratantes e construtores em determinada época e região.

PREÇO GLOBAL – tipo de contratação por empreitada com base no preço total.

PREÇO UNITÁRIO – tipo de contratação por empreitada com base na definição do preço unitário de cada serviço a ser pago mediante medição dos serviços efetivamente executados.

PROPOSTA COMERCIAL – documento que apresenta ao cliente o orçamento proposto, em conjunto com outras informações técnicas e administrativas.

PROJETO – esforço temporário empreendido para criar um produto ou serviço normalmente duradouro. Tem início e fim definidos e contrasta com os processos, que são atividades contínuas e repetitivas. Na construção civil, pode ser, por exemplo, uma obra ou um empreendimento imobiliário.

RECEITA – recebimento de dinheiro em função da cobrança do preço da obra.

RISCO – a possibilidade de ocorrência de um evento desfavorável (ameaça) ou favorável (oportunidade) durante a execução do projeto.

SUBEMPREITEIRO – fornecedor de mão-de-obra para o construtor no regime de empreitada.

TAXA DE ADMINISTRAÇÃO – taxa de BDI de contrato de administração aplicada sobre o custo-base.

TAXA DE BDI – soma dos benefícios e despesas indiretas, em relação ao custo direto, que pode ser chamada de taxa de administração (quando se refere ao custo-base) e de BDI formal (quando se refere ao custo formal).

VALOR – percepção da utilidade ou benefício atribuído à posse de um bem ou contratação de algum serviço que direciona o quanto se aceita pagar ou o quanto se pode cobrar pelo bem ou serviço. Na construção civil, a noção de valor se expressa, na maioria dos casos, em termos da taxa de BDI.

VALOR DE MERCADO, a noção de valor médio existente em determinada região, sob a ótica do contratante.

WBS, Work Breakdown Structure, a estrutura analítica do PROJETO, uma decomposição hierárquica dos serviços da obra orientada à entrega do trabalho a ser executado, para definir as entregas necessárias e atingir os objetivos do projeto. Pode incluir as entregas internas e as entregas externas.

ÍNDICE REMISSIVO

A
administração
aversão ao risco · 19
    fórmula · 7, 158
    local · 102
    margens de contribuição · 52
    obras pequenas · 47
    regime contratual · 19, 20, 35, 91, 157
    taxa · 19
    tipo de prestação de serviço · 15
    administração central
        custo fixo · 44
        definição · 51
        despesa indireta · 51
        exercício · 67
        faixas · 56
        itens de despesa · 55
        lista de referência · 53
        ponto de equilíbrio · 31, 173
        rateio entre obras · 52
        sem despesas comerciais · 64
        taxa · 56
    administração local
        definição · 46
        despesa indireta · 46
        faixas · 51
        itens de despesa · 50
        lista de referência · 47
        orçamento administrativo · 46
        rateio entre obras · 47
        rateio obras/sede · 47
    taxa · 50, 102
    terceirização · 46
aversão ao risco
    definição · 17
    do construtor · 18
    do contratante · 15
    prevenção · 91
    tipo de prestação de serviços · 18

B
BDI
    formal · 26
    sigla · *Consulte* taxa de BDI
BDI formal
    apresentação · 1
    cálculo · 185, 188
    fórmula · 7
    redução · 27
benefícios
    comercialização · 11, 183
    componente do preço · 57, 69
    definição · 6, 7, 95, 96
    dimensionamento empresarial · 170
    do contratante · 31
    do governo · 119
    dos operários · 42
    exercício · 14
    justa remuneração · 95
    meta · 7
    método analítico · 112
    método sintético · 104

na taxa de administração · 159
terceirização · 100

C
comercialização
    área comercial · 38
custo formal · 38
    orçamento proposto · 183
construtor
    aceitando riscos · 27
    aversão ao risco · 18, 31
    competência · 22, 30, 46, 167
    desconto · 30
    justa remuneração da obra · 95
    obras simultâneas · 102
    orçamento interno · 106
    portes de referência · 56
    reivindicações · 18, 39
    terceirização · 47
contingências
    arredondamento · 130
componente complementar do preço · 69
    definição · 92, 93
    inclusão do risco · 104
    na estimativa de custo · *Consulte* risco
    postura ativa · 91
    prêmio de seguro · 92
    riscos repassáveis · 92
contratante
    aceitando riscos · 16
    aprovação · 9
    aversão ao risco · 15, 18, 22
    comprando os materiais · 25
    exigências contratuais · 16
    margem de segurança preliminar ofertada · 31
    método sintético · 100
    noção de valor · 26
    orçamento de referência · 9
    perfil · 1
    repassando riscos · 16
contrato · 80
    administração · 19, 35
    carga tributária · 67
    cumprimento · 70
    de subempreitada · 22
    empreitada · 19, 83, 99
    entregas · 19
    financiamento · 78
    fornecimento duplo · 26
    incertezas de força maior · 84
    índice de correção monetária · 3
    margem de segurança preliminar · 27
    movimentação financeira · 37
    orçamentação · 11, 39
    parcela de sinal · 111
    preço global · 19
    preço unitário · 19, 23
    reajuste anual · 72, 81
    reajuste mensal · 71, 104
    reequilíbrio econômico-financeiro · 87
    retenções · 111
    teoria da imprevisão · 83
    validade do preço · 10
custo · 12
CUB · 12
custo fixo · 38
custo previsível · 36
    definição · 35
    estimativa · 3, 10
    exigências · 16
    faixas · 11
    gasto total · 5, 9, 11, 83, 87, 93
    gerenciamento · 10, 11, 12, 36
    levantamento · 11
    linha base · 11
    previsível · 39
    total orçado · 9, 10
    visão macro · 36
custo direto
    anual · 52, 110
    base BDI empreitada · 7
    condições favoráveis · 40
    conhecido · 4, 5
custo variável · 36
    definição · 7, 39
    equipamentos · 42
    impostos · 57
    itens entregáveis · 39
    levantamento · 6
    majorando · 189
    mão-de-bra de operários · 42
    materiais de construção · 42
    obras de referência · 101
    preço total dos insumos · 42
    terceirização · 43
custo formal
    base da apresentação do orçamento · 7

comercialização · 11
   definição · 7, 27, 36, 38
   função da WBS · 27
   não uniforme · 28
   valor · 26
custo real
   apropriação · 10
   controle · 31, 167
   economia · 17
custo-base
   base BDI administração · 7
   definição · 7
   equação · 158
   ponto de equilíbrio · 169

D
despesas administrativas
   orçamento de referência · 5
despesas comerciais
   comercialização Jr · 3
   componente básico · 35
   faixas · 66
   itens · 65
despesas financeiras
   cenários financeiros · 81
   definição · 72
   faixas · 81
   fórmula · 76
despesas indiretas
   componente do preço · 6
   custo indireto · 36
   definição · 7
despesas administrativas · 46
   empresas parceiras · 5
   exercício · 14, 34
   exigências contratuais · *Consulte*
   nomenclatura · 44
   rateio · 10
   resposta ao risco · 16
   terceirização · 43
   despesas tributárias
   componente básico · 35
   definição · 57
   lucro presumido · 59
   lucro real · 61
   prestação de serviço global · 60
   prestação de serviços · 61
   sobre a receita · 58
   sobre o lucro · 59

E
Epusp
   contas gerais da administração · 3, 36, 51
   contas vinculadas ao preço · 2, 3
   descolamento de índices · 40
   formação do preço · 3
   margem de contribuição · 3
   margem para cobertura de riscos · 3
   mercado · 15
   sigla · 8
estimativa de custo
   definição · 11

F
fornecimento de materiais
   BDI diferenciado · 26
   contratante · 25
   nos serviços · 25

G
gerenciamento de custos
   comercialização · 3
   estratégia · 1
gerenciamento financeiro · 12
   orçamentação · 3

I
incertezas
   força maior · 84
   probabilidade subjetiva · 82
inflação
   índice · 3

L
lucro
   arbitrado · 63
   bruto · 59, 124
   definição · 82
   dimensionamento empresarial · 170
   exercício · *Consulte*
   financeiro · 77
   ganho real · 93
   gerador de impostos · 59
   líquido · 105, 119
   motivação · 16
   na administração · 19
   orçado · 78, 93, 124
   ponto de equilíbrio · 176

prejuízo · 52, 59, 74
presumido · 59, 105
previsão · 39
real · 59
lucro orçado
    definição · 96
    faixas · 94
    TIR · 94
    VPL · 94

M

margem de segurança preliminar
    componente básico · 35
    exemplo de cálculo · 30
    preço de mercado · 27
mercado
    bancos · 36
    definição · 15
    gestor do projeto · 9
    governo · 36
    literatura técnica · 8
    orçamentista · 9

O

obras de referência
    área construída · 44
    custo direto · 45
    custos diretos unitários · 101
    despesa comercial máxima · 65
orçamento da adm. local · 50
    prazos · 44
orçamentação
    definição · 11
orçamento
    apresentação · 1
Orçamento aprovado
    definição · 9
orçamento de referência
    definição · 9
Orçamento proposto
    efinição · 9

P

planilha orçamentária
    exigência do contratante · 1
    Pmbok
    entregas · 39
    estimativa de custo · 1
    gerenciamento de custos · 36

gerenciamento de projetos · 10
gerenciamento de riscos · 81
projeto · 10
Riscos · 87
sigla · 8
preço
    apresentação · 181
    aprovação · 9
    baixo · 18, 181
    componentes básicos · 120
    componentes complementares · 69
    composição · 44, 50, 56, 70, 96, 184
    conceitos · 6
    da empresa · 9
    da licitação · 28
    de insumo · 42
    de insumos · 4, 19
    de mercado · 4
    definição · 9
    desconto · 3, 5, 181
    equação econômica · 157
    exigências · 17
    fixo · 22
    formação · 1, 3, 10, 15, 117, 160
    fórmula · 7
    função do volume · 32
    global · 5, 22
    inexequível · 106
    inexeqüível · 106
    inflação · 73, 79
    licitação · 120
    mercado · 27
    moeda · 12
    orçado · 25
    orçamento · 5
    precisão · 1
    proposto · 23, 181
    referência · 41
    revisão · 39, 87
    tabelas · 8
    unitário · 4, 15
prestação de serviço global
    preço global · 19
    preço unitário · 19
prestação de serviços
    preço unitário · 19
prestação de serviços especializados
    preço unitário · 19

R

receita
    anual · 111, 173
    despesas tributárias · 58
    equilíbrio · 168
    inflação · 72
    prejuízo · 181
    previsão · 71
reivindicações
    gerenciamento · 12
risco
    aversão · 18
    aversão ao · 18
    balizador · 17, 83
    classificação · 83
    de engenharia · 12
    definição · 17
    despesa administrativa · 31
    Epusp · 3
    exigências · 17
    força maior · 84
    geradores · 15
    gerenciamento · 10, 11, 12, 22, 69
    dentificação · 84
    impacto · 22
    incerteza · 84
    margem de segurança preliminar · 30
    máximo · 21
    mercado · 15
    mitigar · 91
    na despesa financeira · 70
    no custo direto · 41
    oportunidade · 17
    prevenir · 91
    propriamente dito · 84
repasse · 16, 70
respostas · 16, 18, 91
    situações previsíveis · 83
    transferir · 91

S

subempreitada
    administração local · 46
    custo direto · 108
    custo direto do construtor · 43
    entregas internas · 23
    limitações · 24
    nota fiscal · 63
    terceirização · 46

T

taxa de BDI
    boa e ruim · 32
    componentes básicos · 27
    da licitação · 29
    define o porte · 167
    define o prazo · 167
    diferenciada · 26
    do manual · 190
    do ponto de equilíbrio · 176
    fórmula · 7
    indicador de desempenho · 5
    máxima · 21
    método analítico · 114
    método sintético · 105
    mínima · 176
    negativa · 29
    níveis de referência · 105
    pesquisa · 27
    variação · 17, 29
    TCPO 2003
    administração central · 51
    administração local · 46
    benefícios · 95
    contingências · 92
    custo direto · 35
    despesas comerciais · 64
    despesas financeiras · 70
    despesas tributárias · 57
sigla · 8

V

valor de mercado
    comercialização · 11
    contratante · 26
    definição · 18
    moeda · 13
    ponto de equilíbrio · 167
    terceirização · 100

W

WBS
    Formal · 11, 27, 182
    Sigla · 12

SOLUÇÃO DOS EXERCÍCIOS PROPOSTOS

Capítulo 1
INTRODUÇÃO

1) D
2) BDI = 35%
3) $71.428,57.
4) € 3.390.802,11

Capítulo 2
MERCADO E RISCO

1) a) V b) V c) V d) V e) V f) V g) V h) V i) F j) V
2) C
3) D
4) C
5) B
6) a) V b) F c) F
7) D
8) a) V b) F c) V
9) a) V b) F c) V
10) B
11) 10,79%

Capítulo 3
COMPONENTES BÁSICOS DO PREÇO

1) a) V b) F c) V d) V e) F f) F g) V h) F i) F j) V k) F
2) a) C b) D c) D d) C e) C f) C
3) A
4) C
5) a) 8,04% b) $10.452,00 c) 10,452%

Capítulo 4
COMPONENTES COMPLEMENTARES DO PREÇO

1) D
2) a) V b) V c) F d) V e) F f) V g) V
3) $14.699,19 – Não haveria lucro.
4) D
5) A despesa financeira do Quadro 4.1 pela fórmula, com os parâmetros propostos é de $628,29. Para a despesa financeira pela fórmula ficar idêntica à do fluxo de caixa (1.169,03), TP deve ser aumentado de 1,0 para 1,58927 meses.
6) Resp: A despesa financeira do Quadro 4.2 pela fórmula, com os parâmetros propostos é de $8.749,60. Para a despesa financeira pela fórmula ficar idêntica à do fluxo de caixa ($10.338,94 = 1.341,03 + 8.997,91), TP deve ser aumentado de 1,0 para 2,95. A medição do encargo financeiro pelo fluxo de caixa, a metodologia mais precisa, apontou uma despesa financeira maior neste caso.
7) C
8) C
9) A
10) a) F b) V c) F

Capítulo 5
TAXA DE BDI EM CONTRATOS DE EMPREITADA

1) BDI formal do item 5.5 seria de 29,95%
   BDI formal do item 5.7 seria de 57,16%
2) BDI de fornecimento de materiais do item 5.6 seria de 18,95%
3) BDI sem lucro do item 5.3 seria de 34,15%

Capítulo 6
TAXA DE BDI NA ADMINISTRAÇÃO DE OBRAS

1) Taxa ADM seria de 14,65%
2) Taxa ADM seria de 12,66%

Capítulo 7
A TAXA DE BDI E O VOLUME DE OBRA

(O resultado poderá variar alguns centavos em função de arredondamento)
1) Administração na obra 1 seria de $31,49/mês
   Administração na obra 2 seria de $97,65 /mês
   Administração na obra 6 seria de $835,15/mês
2) Administração central da construtora 7 seria de $11.070/mês
   Administração central da construtora 8 seria de $15.747/mês
3) O prazo da Obra 3 seria de 1,53 meses.
   O prazo da Obra 4 seria de 3,60 meses
   O prazo da Obra 5 seria de 4,35 meses

Capítulo 8
A APRESENTAÇÃO DO PREÇO

1) Custo direto $16.666,67 Lucro $833,00 Custo formal $14.814,82 .
2) Custo formal $143.308,04
   Caso não consiga obter a resposta, solicite esclarecimentos pelo e-mail professor@mozart.eng.br